别让
不懂日用化学品
害了你

张宏伟 朱英 主编

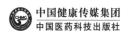

中国健康传媒集团

中国医药科技出版社

内容提要

　　近年来，日用化学品对人体健康的影响已成为公众密切关注的热门话题。日用化学品的使用和发展使人们的生活更加舒适、便利，但如果使用不当，日用化学品中的某种或某些成分会对人体健康造成威胁。我们只有更了解它们、科学地使用它们，才能尽量避免受到伤害。本书按常见日用化学品的大致分类，包括洗涤剂、消毒剂、涂料、家用灭虫剂等，将人们所关心的和提醒人们应该注意的问题逐一提出，深入浅出地阐释了日用化学品与人体健康间晦涩的理论问题，以便使广大读者能够比较容易地理解和掌握日用化学品对人体健康影响的科学知识。

图书在版编目（CIP）数据

　　别让不懂日用化学品害了你 / 张宏伟，朱英主编. —
北京：中国医药科技出版社，2020.4
　　ISBN 978-7-5214-1633-6

　　Ⅰ. ①别… 　Ⅱ. ①张… ②朱… 　Ⅲ. ①日用化学品 –
基本知识 　Ⅳ. ① TQ072

　　中国版本图书馆 CIP 数据核字（2020）第 034304 号

美术编辑　陈君杞
版式设计　锋尚设计

出版　中国健康传媒集团│中国医药科技出版社
地址　北京市海淀区文慧园北路甲 22 号
邮编　100082
电话　发行：010-62227427　邮购：010-62236938
网址　www.cmstp.com
规格　880×1230mm　¹/₃₂
印张　6³/₄
字数　159 千字
版次　2020 年 4 月第 1 版
印次　2020 年 4 月第 1 次印刷
印刷　三河市国英印务有限公司
经销　全国各地新华书店
书号　ISBN 978-7-5214-1633-6
定价　45.00 元

获取新书信息、投稿、
为图书纠错，请扫码
联系我们。

编　委　会

主　编　张宏伟　朱　英

编　者（以姓氏笔画为序）

　　　　石　莹　杨艳伟　宋瑞霞　魏　岚

前言

　　随着科学技术的高速发展以及人类文明的进步，我国日用化学品行业作为正处于蓬勃发展的朝阳产业，正以前所未有的速度进入寻常百姓家。日用化学品的使用不但美化了人们的生活及其环境，使人们的生活更加方便、舒适，而且也进一步推动了社会文明的进步，更为人类预防疾病、保障健康发挥了重要作用。可以说，人们在日常生活中已完全离不开这些形形色色的日用化学品，因为它们已是创造人类美好生活的重要物质保障。

　　日用化学品也可以被称为家用化学品，是指用于家庭日常生活和居住环境的化工产品，同时也包括了用于办公室和公共场所的化学品。目前，我国日用化学品的应用十分广泛，已渗透到人们的衣、食、住、行之中，遍及生活的各个方面。日用化学品具有种类繁多、使用分散、需求量大、使用人群广泛、接触时间长等特点。常见日用化学品根据使用目的的不同大致可分为化妆品、洗涤剂、消毒剂、涂料、家用灭虫剂等几大类。

　　人们越来越清楚地认识到一个不可改变的事实：任何化学物质都有一定的毒性，只是产生毒性作用的剂量或浓度和其对健康的危害程度有所不同而已。日用化学品属精细化工产品，是由多种化学物质构成的。各种日用化学品因其使用目的、方式、范围的不同，其中的某种或某些成分可通过不同途径进入人体而对健康造成危害，严重的甚至是永久性的损害。因此，人们在追求美的同时，也越来越关注日用化学品的成分是否健康、安全、环保。日用化学品作为人类生活环境的构成要素之一，在一定条件下，它们不可避免地影响着人们的健康，与人类健康密切相关。事实也是如此，生活中因日用化学品的使用不当而导致人类健康受到损害的事件屡见不鲜。

所以，如何预防人们因使用日用化学品而产生的健康危害，不仅是预防医学工作者需要深入研究的课题，也是广大群众需要了解的科普知识。本书按常见日用化学品的大致分类，包括洗涤剂、消毒剂、涂料、家用灭虫剂等，将人们所关心的和提醒人们应该注意的问题逐一提出，以问答的形式、通俗易懂的语言，再配以形象的插画，深入浅出、层次分明地阐释了日用化学品与人类健康间晦涩的理论问题，以便使广大读者能够比较容易地理解和掌握日用化学品对人体健康影响的科学知识。

我们衷心希望这本书能够成为广大读者理解并掌握日用化学品与健康专业理论问题的科普知识传播用书。

编　者

2020年1月

目录

第二章
消毒剂与健康

第三章
杀与
（健
驱康
）
虫
剂

第四章
涂料与健康

看什么呢?

真是个家务小白,
这是洗涤剂呀!

妆妆姐,
这是什么呀?

第一章

洗涤剂与健康

01 生活中的洗涤剂，你了解多少

洗涤剂是人们日常生活中必不可少的用品，那么什么是洗涤剂?

洗涤剂

　　《化工百科全书》将洗涤剂定义为：洗涤剂是指按照配方制备的有去污洗净性能的产品。它以一种或数种表面活性剂为主要成分，并配入各种无机、有机助剂等，以提高完善去污洗净能力。有时为了赋予多种功能，也可加入杀菌剂、织物柔软剂或者具有其他功能的物料。

　　洗涤剂种类繁多，一般来说洗涤剂包括皂类洗涤剂（主要以天然油脂为原料）和合成洗涤剂（主要以石油化工产品为原料）。皂类洗涤剂和合成洗涤剂的使用目的都是为了去除污垢，但两者的性质却有很大差异。

首先是原料上的区别

　　皂类洗涤剂是脂肪酸与碱通过皂化反应得到的产物，因所用的脂肪酸和碱不同，可制成性质不同的肥皂产品。

　　合成洗涤剂所用的原料和制造方法均不同于肥皂，它是多组分的混合物，其成分是表面活性剂和多种辅助剂。

其次是性能上的区别

　　肥皂在水中一经溶解都要发生部分水解而呈碱性，合成洗涤剂则不会水解而呈中性；若肥皂遇到硬水不再产生泡沫，污垢也不能很好地去除，而合成洗涤剂没有这种顾虑。

　　合成洗涤剂拥有肥皂无可比拟的优越性，如用量少、洗涤效果好、遇硬水不产生沉淀、水中溶解性能好、洗涤省时又省力、不会产生有损织物的游离碱等，但是近年来环保人士却越来越提倡使用肥皂，因为肥皂与合成洗涤剂相比，在生产和使用过程中对环境不会造成严重危害。

02 合成洗涤剂的分类方法

合成洗涤剂的分类

1 按应用领域分 ●·························

2 按去除污垢类型分 ●·························

3 按使用对象分 ●·························

4 按外观形态分 ●·························

5 按原料来源分 ●·························

合成洗涤剂是指以去污为目的而设计配制的产品，其主要原料是通过化学合成而得到的，因此人们为了区别于天然洗涤剂，把由人工合成的洗涤用品统称为合成洗涤剂。随着人们生活水平的提高，合成洗涤剂不断推陈出新。

- 合成洗涤剂可分为工业用洗涤剂（如用于纺织工业、金属表面处理和车辆洗刷等）和日用洗涤剂（如洗涤日常生活中的丝、毛、棉、麻等织物，餐具器皿和家用设备）。

- 合成洗涤剂分为重垢型洗涤剂（用于洗涤污染程度较重的物品，如汗渍斑斑的内衣）和轻垢型洗涤剂（用于洗涤污染程度较轻的物品，如蔬菜水果）。重垢型洗涤剂通常含有多种助剂，以去除难以脱落的污垢，以粉状为主；轻垢型洗涤剂含很少或不含助剂，去除易脱落的污垢，以液体为主。

- 合成洗涤剂可分为衣用洗涤剂（如洗衣粉、衣物柔顺剂、领洁剂、干洗剂等）、发用洗涤剂（如各种香波）、皮肤洗涤剂（如洗面奶、洗手液、沐浴液等）和厨房洗涤剂（瓜果洗涤剂、灶具清洗剂等）等。

- 合成洗涤剂可分为块状洗涤剂、粉状洗涤剂、膏状洗涤剂和液体洗涤剂。

- 合成洗涤剂可分为使用天然原料的洗涤剂和使用人工原料的洗涤剂。

⓪③ 表面活性剂是合成洗涤剂中的重要组成部分

　　表面活性剂是指分子结构中含有亲水基团和亲油基团的化合物。加入很少的量即能显著降低溶剂的表面张力，改变体系界面状态，从而产生润湿或反润湿、乳化或破乳、起泡或消泡、增溶等一系列作用。表面活性剂是合成洗涤剂的重要组成部分。20世纪40年代，人们之所以能将洗涤工业由肥皂转向合成洗涤剂，应归功于表面活性剂的快速发展。

　　根据表面活性剂在水溶液中是否分解为离子，可分为离子型表面活性剂和非离子型表面活性剂。离子型表面活性剂按离子的性质又可分为阴离子表面活性剂、阳离子表面活性剂和两性表面活性剂三种。

非离子型表面活性剂

　　在水溶液中不会电离成离子，而以分子或胶束状态存在于溶液中，它的疏水基是由长碳链脂肪醇、脂肪酸和脂肪胺提供的，而亲水基大多是由醚、多元醇或酯提供的。把这类洗涤剂放入水中，在较高温度下会析出表面活性剂，覆盖在织物上，使织物上的油性物质得以溶解。一旦温度降低，洗涤剂与水重新结合，把油污带到水里，达到清洗目的。它的特点是低泡，毒性小，对酸、碱、过氧化物、金属离子比较稳定，因而还可用于金属、电子元件的清洗。

离子型表面活性剂

阴离子表面活性剂

在水溶液中电离成带有长链亲油基和短链亲水基的阴离子以及没有表面活性的金属阳离子。这种表面活性剂占所有洗涤剂用表面活性剂的60%以上，主要有烷基磺酸盐、烷基苯磺酸盐和脂肪醇硫酸盐。烷基苯磺酸钠是多种异构体的复杂混合物，它是表面活性剂中产量最大、应用最广泛的一种。脂肪醇硫酸钠是综合性能良好、能被微生物降解的表面活性剂，可用于毛、丝织物的洗涤，但成本较高。

阳离子表面活性剂

在水溶液中电离成一个带有长链亲油基和短链亲水基的阳离子及没有表面活性的阴离子（如Cl^-、Br^-）。这类表面活性剂在中性、碱性溶液中会牢固地吸附在织物上，不能发挥洗涤作用。相反，它能够洗涤在酸性溶液中的毛、丝织物。另外，它是重要的工业用表面活性剂，用于矿物浮选、石油工业防腐、消毒杀菌等方面。

两性离子表面活性剂

是携带正负两种离子电荷的表面活性剂，因此这类活性剂兼有阴、阳离子两种表面活性剂的优点。无论在酸性或碱性条件下，两性离子表面活性剂都能发挥溶解去污的本领。这种表面活性剂具有良好的生物降解性能，具有广阔的发展前景。但是，这种表面活性剂原料来源困难、成本高、产量较低。两性离子表面活性剂分氨基酸型和甜菜碱型两类。

04 洗涤剂的去污效果受哪些因素的影响

　　生活中的各种洗涤用品我们并不陌生，但它是如何去污的？又受哪些因素影响呢？洗涤用品的去污作用主要是通过洗涤用品中的表面活性剂来实现的。

　　以衣服的洗涤为例，衣物上的污垢一般是液体和固体的混合物，吸附在衣物纤维的表面，既有损于衣物的外观，也有损于衣物的组织而缩短其使用寿命。

　　洗涤用品的去污过程较为复杂，大致通过湿润、吸附、增溶、机械等物理化学作用，使污垢从织物上分离而分散在溶液中，经反复漂洗，将污垢除去。这就是去污的全过程。

　　值得一提的是，这个洗涤过程是可逆的，经过洗涤过程洗下去的污垢分散和悬浮于溶液中，也有可能从溶液中重新沉积于衣物表面，使被洗物变脏，这叫做污垢再沉积作用。

影响洗涤去污效果的因素有：

首先是洗涤用水

我们日常用的水一般来自自来水厂，都含有一定量无机盐类，如 Ca^{2+}、Mg^{2+}、Cl^- 等。而水的硬度大小，是洗涤用水质量的主要问题。长期使用硬度大的水，织物在反复洗涤过程中会泛黄、变硬，甚至破损。因此从洗涤的角度考虑，水的硬度越小越有利于洗涤。

其次是机械力

简单而言，机械力就是在洗涤过程中的揉搓、刷洗、搅拌、甩干等动作，这些动作有助于洗涤液渗透，从而减弱表面与污垢之间的结合力，使污垢易于脱离。机械力在洗涤中的作用不容置疑。污垢如果没有机械力，再好的洗涤剂也很难去除。

此外，洗涤温度也是影响洗涤的一个重要因素

一般来说，洗涤温度越高，洗涤效果越好，但对于加酶洗衣粉，大多数酶的活性在40℃附近活性最高，如温度升高，可能杀死酶，使酶失效，从而降低去污能力。不同的织物、不同的洗涤剂及不同的污垢，应采用不同的洗涤温度。

05 肥皂是如何分类的

> 按使用原料的不同

肥皂可分为碱金属皂、其他金属皂和有机碱皂。

① 碱金属皂主要是以高级脂肪酸的钠盐或钾盐为原料制成的钾皂、钠皂，常见的有香皂、洗衣皂、药皂、液体皂和皂粉。

② 其他金属皂是指以脂肪族的非金属皂为原料的肥皂，它不溶于水，因此不能用于一般洗涤，主要用于纺织工业中的纤维洗涤。

③ 有机碱皂是指以氨、乙醇胺等有机碱制成的肥皂，常制成固体肥皂、擦亮剂等，用作纺织洗涤剂、丝光皂等。

随着科技的发展和人们生活需求的提高，近年来出现了复合皂。复合皂是指肥皂与具有钙皂分散力的表面活性剂及其他助剂复配而成的皂类产品，它克服了肥皂在硬水中易形成皂垢，起不到洗涤作用，且易沉积在衣物上的弊端。

> 按使用领域的不同

肥皂可分为家庭用皂（如香皂、洗衣皂、美容皂等）和工业用皂。

> 按硬度的不同

肥皂可分为硬皂和软皂。钠皂硬度较高，为硬皂，一般用于制造香皂、洗衣皂、药皂和工业皂。钾皂硬度低，为软皂，钾皂比钠皂易溶于水，较浓的水溶液冷却后也不固化，能制成液体皂。钾皂常用于理发店或医院。用钾皂洗汽车或其他油漆表面，干燥后表面清洁光亮。

06 用香皂洗脸好不好

以前人们洗脸使用的洗涤用品就是香皂，但是近十余年来随着洗涤用化妆品的普及，越来越多的人不再使用香皂洗脸，而改用洗面奶、清洁霜等洗涤用化妆品。因为很多人都有一种顾虑，怕碱性的香皂会伤害皮肤。那么用香皂洗脸到底好不好？

香皂的洗净力主要来自脂肪酸。脂肪酸将皮肤上的污垢分解成小粒子，然后排到水中。香皂在水中溶解时，会产生分解反应并游离出钠离子，所以香皂水的pH值在10左右，呈碱性。人的正常皮肤是弱酸性的，这就是为什么很多人会有"香皂溶液中的碱分损害皮肤"之顾虑的原因。实际上，我们在洗脸时，一般都会将香皂冲洗干净。所以用香皂洗脸使肌肤呈碱性的机会只出现于香皂停留在脸上的这段时间，冲洗后皮肤会自然地由碱性恢复到弱酸性状态，因此不必担心皮肤会变得粗糙，更不必担心会引起病变。此外，香皂溶液中的碱分，因有软化老化角质的作用，所以能提高洗净力，使肌肤光滑。当然有些含碱量非常高的香皂，使用后会造成角质的过度软化，并刺激皮肤，使脸部产生热热的感觉。总之，选择一些弱酸性香皂，有利于清洁皮肤和去除老化的角质，但是大可不必刻意寻求弱酸性香皂。

用香皂洗脸到底好不好？

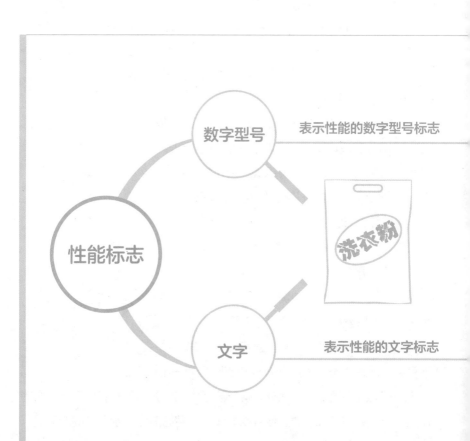

按国家标准生产的洗衣粉，包装上通常标有**数字型号**和**文字**两种性能标志。

　　数字型号标志是表示表面活性剂含量的。洗衣粉是由表面活性剂、碱剂、软水剂和填充剂等成分组成的。其中，表面活性剂含量高低是去污力大小的主要决定因素。因此，一般是以表面活性剂含量来标示其型号的，如30型，即表示其表面活性剂含量是30%，可洗涤毛料和丝绸；20型表示其表面活性剂含量是20%，适于洗涤麻织物；还有25型、28型等。

主要分为五类：

① 高泡型（普通型），适用于手工洗涤；

② 低泡型，含有聚醚和肥皂成分，效力高而泡沫少，易于漂清，是洗衣机专用的；

③ 漂白型，含有过硼酸钠或过碳酸钠，在60℃以上的热水中有漂白作用，适于洗白色衣物；

④ 加酶型，含有生物催化剂，可分解衣物上的汗渍、奶渍和血污，在40℃左右的水中使用效果最好；

⑤ 增艳型，含有荧光增白剂，白色衣物可增白，彩色衣物可增艳。

洗衣粉是目前国内家庭用织物洗涤剂产品中最主要的品种，可以广泛适用于除丝、毛面料以外的各类织物洗涤。

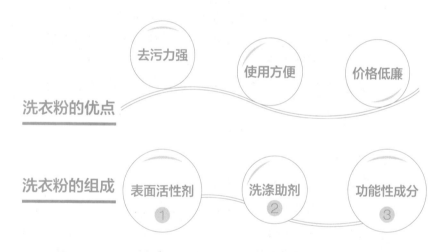

洗衣粉的优点　去污力强　使用方便　价格低廉

洗衣粉的组成　表面活性剂 ①　洗涤助剂 ②　功能性成分 ③

① 表面活性剂的作用是降低水的表面张力，去除衣物的污渍。

② 洗涤助剂的作用是结合钙、镁离子，阻止污垢再沉积，同时有助于提高表面活性剂的去污能力。

③ 功能性助剂可以赋予产品柔软、增白、除菌和芳香等个性化功能。

　　洗衣粉种类较多，特点也各不相同。根据洗涤效能，洗衣粉可分为普通和浓缩洗衣粉。

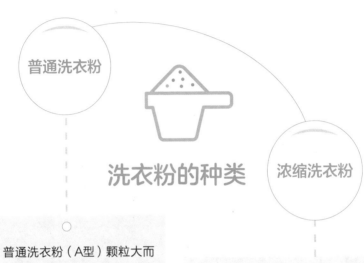

普通洗衣粉

浓缩洗衣粉

洗衣粉的种类

　　普通洗衣粉（A型）颗粒大而疏松，溶解性好，泡沫较为丰富，但去污力相对较弱，不易漂洗，一般适合于手洗。

　　浓缩洗衣粉（B型）颗粒小，密度大，泡沫较少，但去污力至少是普通洗衣粉的两倍，易于清洗，节约水，一般适于机洗。

　　有些消费者错误地认为洗衣粉泡沫越多越好，实际上泡沫的多少和去污力没有直接联系。

鉴别洗衣粉
优劣的小妙招

1 从包装上区分

2 从洗衣粉外观上区分

3 从使用上区分

包装上区分

✓ 优质洗衣粉，包装袋印刷清晰。

✗ 假冒伪劣洗衣粉，多数包装印刷质量低劣，有错版及油墨污染现象。

外观上区分

✓ 优质洗衣粉为类似小米粒的空心颗粒状，装袋蓬松饱满，颜色纯正，颗粒分布均匀。

✗ 假冒伪劣洗衣粉则夹杂粗颗粒或硬结块，装袋后不满，袋空隙较大，粉粒颜色灰黄。如果加酶洗衣粉的颜色为灰蓝色，说明酶活力已失效，或为其他染色后的物质。

使用上区分

✓ 优质洗衣粉放入水中溶解快，手触溶液无烧手感，溶液清而滑爽，发泡量多，去污力明显，用量少而洗涤效能明显，气味不刺鼻。

✗ 假冒伪劣洗衣粉放入水中溶解慢，水溶液浑浊，盆底有沉淀物，手触溶液有烧手感，去污力差，加大量后，其洗涤效能仍很低，有刺鼻的碱性味。

⑩ 使用洗衣粉也要讲技巧

洗衣粉种类繁多，特点各异，人们往往很难正确使用，以至于造成浪费和影响洗涤效果。使用洗衣粉也要讲技巧，不能随便使用。

1 使用前应先看包装，了解洗衣粉的类型，并根据包装袋上的说明正确使用

一般来说，应用温水将洗衣粉溶解，洗衣粉不宜用沸水溶解。合成洗衣粉如用沸水溶解就会减少泡沫，降低去污作用。特别是洗衣用水的温度低，而溶解洗衣粉用水的温度太高时，由于温度相差悬殊，去污作用会大大降低。使用合成洗衣粉时，溶解洗衣粉的水温应以50℃为宜。

> **注意**
>
> 溶解加酶洗衣粉时，水的温度不能太高，一般控制在40℃左右，因为加酶洗衣粉中添加的酶是活细胞所产生的一种生物催化剂，特定的酶制剂对特定污垢（如果汁、墨水等）的去除具有特殊功能。复合酶不但能分解各种污垢，起到去污作用，其中的一些特定酶还能起到杀菌、增白、护色、增艳等作用。如果水温过高，洗衣粉中的酶将会失去活性，从而影响洗涤效果。

2　洗衣粉不要与肥皂混用

因为洗衣粉呈酸性，肥皂呈碱性，酸和碱相混会发生中和，反而降低各自的去污力。

3　洗衣粉不要与消毒液混用

因为洗衣粉的成分各不相同，消毒液也如此。如果两者混合使用，很容易发生各种反应，使各自的功效都减弱。消毒液多数是用来消除病原微生物污染的，除非在特殊情况下，比如家里有人患红眼病、腹泻、灰指甲、头皮癣等，否则完全没有必要使用消毒液洗衣服。因为人本身具有一定的抵抗力，少量的非致病性微生物不会构成对健康的威胁，衣物只要洗后在充足的阳光照射下晾晒一定时间，残留在上面的细菌就会自行灭亡。频繁使用消毒液，不仅降低了人体自身抵抗力，还容易造成肝脏损害。

4　洗衣粉不能无限期使用

人们在购买和使用洗衣粉时，很少注意其效期和生产日期，以为洗衣粉可以无限期使用。国家洗涤用品质量监督检测部门规定，洗衣粉在规定的存储条件下，从生产之日起，可保存两年或两年以上的，可以不注明保质期，但生产日期一定要有。但一些添加了特殊成分的洗衣粉，如果其使用年限达不到两年，就一定要标明有效期限。存放洗衣粉时，应注意防潮、防晒，放置在阴凉干燥处，尤其是加酶加香洗衣粉，温度过高香精会挥发，酶会失去活性，影响去污效果。

如何让洗衣更干净、更科学

洗衣已是日常家庭生活中必须进行的一项工作，怎样洗衣才更干净、更环保、更经济、更科学呢？

建议一 将衣物分类是浸泡和洗涤前的关键步骤

按衣物颜色分类：把白色、粉色及浅色衣物归为第一类；中度色调及鲜色衣物归为第二类；深色衣物归为第三类。此外应尽量把新买的有颜色衣物分开洗涤，以查看其是否褪色。

按衣物的肮脏程度分类：把较脏的衣物与较干净衣物分开。

按衣物的质地分类：把质地较疏松、轻薄的衣物与厚重的衣物分开；将毛巾、布料衣物与其他衣物分开。

建议二 分好类的衣物在洗涤前，最好放在水中浸泡一会儿

这样做有几点好处：

① 可以使附着于衣料表面上的尘埃和汗液脱离衣物而进入水中，既可以提高衣物的洗涤质量，又可以节约洗涤剂。

② 可以利用水的渗透，而使在面料进入洗涤液以前得到充分膨胀，从而使布眼中的污垢受挤而浮于表面，易于除去。

③ 有些衣物水洗容易脱色，预先浸泡可及时地发现这些问题，便于在洗涤过程中采取预防措施。衣服在水中浸泡30分钟左右洗衣粉发挥的功效是最好的，如果长时间浸泡，可能会影响洗衣粉的洗涤功效。另外，如果长时间浸泡（超过2天），衣服里面细小的污渍分离出来后与洗衣粉的有效成分结合成团状滑腻物，并会浮在水面上，不易洗涤。

建议三 ▶ 选择适宜的洗衣粉

首先，选购对水质污染小的无磷洗衣粉。含磷洗衣粉会对皮肤产生刺激，长期使用会使手掌粗糙、脱皮、发痒、裂口、起水疱等，穿上含磷洗衣粉洗过的衣服可能造成皮肤瘙痒。

其次，选购可适应不同水质的洗衣粉。水有软硬之分，硬水是含钙、镁离子较多的水，软水是含钙、镁离子较少的水。钙、镁离子会与表面活性剂发生作用，影响洗衣粉的功效。

此外，如果使用洗衣机洗衣物，还应根据洗衣机的类型选择合适的洗衣粉。目前使用量较大的滚筒洗衣机与普通洗衣机的设计原理不同，因此两者对机械力和泡沫的要求也不一样。据研究，没有一种洗衣粉可同时在这两种洗衣机中发挥最佳的洗涤效果，如果使用的是滚筒洗衣机，建议选用适合它的低泡型洗衣粉。

建议四 ▶ 根据衣物多少适量添加洗衣粉

洗衣时不要大手大脚地使用洗衣粉，要视衣物多少，加入适量洗衣粉，而且要注意增加漂洗的次数，把衣物漂洗干净，贴身的衣物若漂洗不净，残留在上面的洗衣粉可损害皮肤。有过敏体质的人，如果使用加酶洗衣粉或穿用加酶洗衣粉洗过的衣服，可能会引起过敏反应。

12 织物液体洗涤剂知多少

重垢织物液体洗涤剂

目的

以洗涤粗糙织物、内衣等重垢衣物为目的。

原料

以阴离子表面活性剂为主要原料。

性能

属弱碱性液体洗涤剂，pH值一般控制在9~10.5。常用的表面活性剂是烷基苯磺酸钠，它具有较强的耐硬水性且去污效果好，在水中极易溶解。

　　织物液体洗涤剂的种类很多，按去污能力可分重垢织物液体洗涤剂和轻垢织物液体洗涤剂。

轻垢织物液体洗涤剂

目的　以洗涤轻薄织物、化纤织物为主要目的。

原料　以非离子表面活性剂为主要原料，多为中性或偏碱性液体洗涤剂。

性能　主要由表面活性剂和增溶剂组成。由于不含助剂，去污力主要靠表面活性剂，因此表面活性剂的含量较高，一般为40%~50%。活性物含量中一般非离子表面活性剂高于阴离子表面活性剂。

13 为何清洗织物时要用柔软剂

织物柔软剂最初是使用在纺织品的工业制造中。在织物的织造、前处理、印染等工艺过程中，有很多因素可能使织物手感变得粗糙。为了改善织物性能，使纺织品在销售时有良好的手感而更易于被顾客所接受，几乎所有的织物在后整理阶段都需进行柔软整理。

柔软剂的主要特点

① 使织物具有滑爽、柔软、手感丰富
② 提高抗静电性能
③ 在低湿度环境中穿着舒适

随着合成洗涤剂的发展，织物柔软剂开始进入百姓家庭。这是因为合成洗涤剂问世之前，人们主要用肥皂洗衣。肥皂与硬水中的钙、镁离子反应形成的钙皂会沉积在衣物上，使衣物保持较润滑的手感，因此当时使用柔软剂的必要性并不突出。

在使用合成洗涤剂和自动洗衣机洗衣的情况下，由于机械摩擦作用和强力去污作用不仅使衣物上的污垢被去除，也使织物材料中有益的脂肪成分和纺织品中加入的柔软剂被去除，使衣物手感变差。此外，在洗涤过程中硬水和洗涤剂的无机盐形成的矿物质沉积在衣物上也会使衣物手感变差。

另一方面，随着化纤工业的发展，以合成纤维为面料的服装日益增多，合成产品常有吸湿性差、易起静电的缺点，因此人们需要用柔软剂来处理衣物。

14 织物柔软剂是如何起到"柔软"作用的

未经处理的毛巾在洗衣机中洗12次后

纤维表面细绒毛支叉明显增加，纤维间的摩擦阻力明显加大。

有人把两条分别用柔软剂处理和未经处理的毛巾在洗衣机中洗12次后，在电子显微镜下观察发现，两条毛巾上的棉纤维有明显差别：

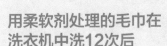
用柔软剂处理的毛巾在洗衣机中洗12次后

纤维表面细绒毛黏附性较好，纤维间摩擦阻力较小。这是因为，用柔软剂处理织物，会在纤维表面形成一层类似脂肪、有润滑作用的保护膜，减少了纤维与纤维间的直接接触，降低了纤维的摩擦因素，从而起到柔软、平滑的作用，使衣物达到手感柔软、滑爽、穿着舒适的效果。由于柔软剂的润滑作用降低了纤维间的摩擦，从而也降低了织物表面的静电积累，因此织物柔软剂往往也是抗静电剂。

15 清洗果蔬要用洗涤剂吗

清洗瓜果、蔬菜如何才算真正洗净?

错误观念

有些人认为用清水冲洗过,上面没有泥土、灰尘就行。

有人迷信洗涤剂杀菌消毒去污力强,认为放得越多洗得越干净。

有些人则觉得洗涤剂是化学制品,不宜用来清洗直接入口的瓜果、蔬菜,不如放在温水里多泡一阵。

洗涤剂清洗瓜果、蔬菜

原因　　用清水冲洗能去除泥土，但瓜果、蔬菜上并不只是泥土，大多数瓜果、蔬菜在生长过程中为了杀灭害虫，喷洒一些农药，而为了使农药能有效地黏附在农作物表面，农药中还会加入一些油性载体，这些有毒物质和其他病菌光用清水是无法洗干净的。

好处　　洗涤剂中含有多种表面活性剂和乳化剂，能把各种污渍和有害物质变成溶解于水的乳状物，漂洗时随水冲走。此外，有些洗涤剂还含有杀菌成分，适量使用能够除去对人体有害的微生物，将病菌拒之门外。

方法　　洗涤剂不是放得越多效果越好，无论去除污垢还是病菌都要有量的概念，过多使用不仅会造成浪费，而且由于清洗不净反而会影响健康。瓜果、蔬菜中含有多种水溶性维生素，如果只用温水浸泡，不仅去除有毒物质效果不佳，时间太长还会损失对人体有益的维生素。

　　正确的清洗方法是：根据被洗瓜果、蔬菜的多少及污垢存留的情况，在清水中滴几滴或十几滴洗涤剂，搅拌一下，再将瓜果、蔬菜放在里面浸泡5~10分钟，捞出后沥清，用清水冲洗3~4遍，即可放心大胆地食用。

16 用洗衣粉清洗果蔬、餐具对人体健康有危害吗

目前市场上销售的某些瓜果蔬菜为了看起来干净，事前都用水甚至是洗衣粉水清洗过，殊不知洗衣粉中某些物质有一定的毒性，少量的皮肤接触（如残留在衣物上经皮肤接触）不会产生严重的健康危害，但如果大剂量皮肤接触或经口进入人体则会影响人体健康。

洗衣粉水擦洗餐具

虽经清水冲洗但也难免使洗衣粉中的高含量烷基苯磺酸钠残留在这些餐具上。如果长期使用这些餐具，就会使残留的化学成分随食物进入人体产生不利影响。

洗衣粉水洗果蔬

若用洗衣粉洗直接入口的瓜果等就更不安全了，因为擦抹在水果上面的洗衣粉，会随水溶液渗入瓜果的内部，而渗入内部的洗衣粉中有毒成分是无法冲洗掉的。如果人们吃了这些含有洗衣粉的瓜果，将会对人体健康产生危害，这是很不安全的。

⑰ 洗涤剂对人体皮肤有哪些危害

日用洗涤剂正在逐步成为当今社会人们离不开的生活必需品，同时洗涤剂中的一些化学物质对人体健康也存在着潜在风险。由于这种污染的危害短时间内不是很明显，因此往往会被忽视。但是，微量有害物质持续进入体内，积少成多可以造成严重的后果，导致人体的各种病变。

洗涤剂实际上是石油开发的副产品。主要成分是表面活性剂，为了具有更多更好的洗涤功能，市场上的许多产品还添加了一些新的成分，如助洗剂、稳定剂、分散剂、增白剂、香精和酶等。研究表明，表面活性剂、增白剂、助洗剂直接接触或者附着在衣物上，会刺激皮肤，洗掉皮肤上具有保护作用的油脂，从而破坏皮肤角质层，使皮肤变得干燥、粗糙。长期接触洗涤剂还可能使皮肤出现瘙痒。因为人体的皮肤是弱酸性的，它具有抑制细菌生长的作用，而某些洗涤剂如洗衣粉呈碱性，人的皮肤和它接触时间久了之后，皮肤的弱酸环境就会遭到破坏，其结果可能会出现皮肤瘙痒现象，某些过敏体质者还会出现皮炎等症状。

危害一

使皮肤变得干燥、粗糙，还有可能出现瘙痒

危害二

使皮肤出现过敏反应，甚至出现湿疹、皮炎等症状

18 洗涤剂对环境会产生一定的污染

洗涤剂问世以来，给人类的生活带来了极大的方便，为人类做出了重大的贡献。但洗涤剂也带来了许多环境问题，这些问题正越来越多地引起各界环境科学工作者的注意，并为解决这一环境问题而努力。洗涤剂会带来哪些环境问题呢？

1 洗涤剂中的泡沫会污染水源

合成洗涤剂开发后广泛用于洗涤业，并逐渐取代肥皂。早在20世纪70年代以前洗涤剂中的表面活性剂主要为支链烷基苯磺酸钠，该物质不易被生物降解，洗涤剂中的大量泡沫就是由这些支链烷基苯磺酸钠在水中聚集所引起的，造成了水体的大量污染。为解决这一问题，人们开始采用直链烷基苯类化合物代替支链烷基苯磺酸钠。理论上讲，直链烷基苯类化合物虽在环境中基本可被生物降解，对生态环境是安全的，但在其生产和使用过程中大剂量接触对人体健康还是有一定危险的，尤其是它的生殖毒性更值得重视，欧、美等发达国家已开始开发和使用更加安全的替代品。

2 洗涤剂中的磷酸盐造成水体富营养化

洗涤剂中除了有表面活性剂外，还有许多助剂，其中三聚磷酸盐是合成洗涤剂最理想的助剂，自它引入合成洗涤剂配方后，洗涤剂的性能得到了大大提高，从而使洗涤工业有了一个大的飞跃。由于洗涤剂用后的废水大多通过下水道排入江河湖海，因此直接对水体产生富营养化。我国珠江、长江、太湖、滇池、巢湖等水源也曾因含磷、氮等营养成分超标造成水藻过量繁殖，水体发臭，使饮用水质量降低，严重影响人们身体健康。

认识到含磷洗涤剂带来的污染，世界各国积极寻求磷酸盐的取代品，20世纪80年代后人们采用合成沸石作为洗涤剂助剂，开始了"无磷"时代，纷纷生产低磷和无磷洗涤剂，并掀起了世界性的限磷、禁磷浪潮。

3 洗涤助剂带来的污染

合成洗涤剂组成中，表面活性剂只占20%～25%，助剂可占70%～80%，主要有磷酸盐、芒硝、荧光增白剂、钾剂、硫酸铵、香精等。我国市售洗涤剂种类很多，助剂类别及原料来源各不相同。污水中洗涤剂的生物效应非常复杂，除前面已谈到的磷酸盐会使水体富营养化外，洗涤剂中的各种化学物质本身也有一定的毒性。此外，各化学物质之间还有增强、协同或拮抗作用。目前洗涤剂用量越来越大，因此，洗涤剂中各种成分对人体健康的影响，对生态环境，尤其是对水生态环境的影响更加不容忽视。

人类生活的都市化是无可避免的，都市生活对清洁剂的依赖也是不可避免的。所以，改善洗涤剂，使用不危害人体、不破坏生存环境、无毒无公害的洗涤剂成为当务之急。

19 为什么提倡多用肥皂，少用洗涤剂

肥皂所用的原料是天然油脂，属于可再生资源，肥皂使用后随水排出，并很快就可被微生物分解。所以相对来说，肥皂在生产和使用过程中对环境和生态的安全性是多数合成洗涤剂所不及的。

多用肥皂的好处

1. 可生物降解性
2. 对环境造成的影响非常轻微

　　合成洗涤剂的最初原料是石油，为不可再生资源。合成洗涤剂在制造过程中会产生大量废水和废气，而它的使用，特别是含磷洗涤剂的使用，又给环境带来一系列的危害。含磷洗衣粉中的磷酸盐能刺激水藻的过分增长，水藻的过分生长又造成氧耗竭，使水域里的鱼虾因为无力与水藻争氧而死亡。被磷污染的江河湖海中，都会形成"死亡带"。另外，水藻在死亡时会因其自身有机物质使水生态系统负荷过重，造成水体富营养化等问题。

少用洗涤剂的原因

① 在制造过程中会产生大量废水和废气，造成环境污染

② 在使用过程中使水生态系统负荷过重，造成水体富营养化

　　因此，为了尽量减轻对环境的破坏，我们都应该多用肥皂，少用洗涤剂。

⓴ 洗涤剂在使用过程中存在哪些误区

　　十二烷基苯磺酸钠是餐具洗涤剂中使用最多的表面活性剂，在水中易产生泡沫，并具有较好的去污能力，尽管研究结果显示，**高浓度的十二烷基苯磺酸钠才会影响人体健康**，但引导消费者正确使用洗涤剂，减少其对人体健康的危害还是必要的。

洗涤剂进入人体内部的途径大致有三种

一是使用时直接与皮肤接触；

二是有创口时，经由伤口进入人体内；

三是使用过程中由于清洗不彻底，使之附着在餐具和蔬果上，通过消化道进入人体。

　　了解了洗涤剂进入人体的途径，我们就会发现使用洗涤剂有很多误区，应该引起注意。

误区一　马马虎虎流水冲

许多人以为用流动的水随便冲一下，就可以将附着在果蔬表面的残留洗涤剂冲掉。岂不知要彻底去除还需要给洗涤剂一些溶解于水的时间。流动的水只能将部分洗涤剂冲掉，还有一部分因为没有来得及溶解到水中，依旧留在果蔬表面。

误区二　没完没了清水泡

既然洗涤剂有一定的溶解时间，那么长时间的浸泡是否就可以将其完全清除干净呢？事实上，洗涤剂溶解于水的时间一般在15秒左右。因此理论上说，浸泡15秒和浸泡2小时没有什么本质区别。如果浸泡时间过长，溶解了洗涤剂的水往往还会重新渗透到果蔬中去。

误区三　手有伤口依然洗

手不小心划破个口子，大多数人可能都不太会在意，并仍会用受伤的手接触洗涤剂。殊不知，此时洗涤剂会通过创口进入体内，且与间接接触相比，浓度会增高数十倍，对身体的影响自然大得多。

误区四　干毛巾直接擦拭

将浸泡在洗涤剂中的餐具拿出来直接用干毛巾擦拭，看起来好像可以使得餐具干干净净，不会残留洗涤剂，其实不然。干毛巾只会将水分吸走，表面残留的洗涤剂浓度反而会升高，因此这种做法也是不可取的。

正 确 的 使 用 方 法

洗涤餐具、果蔬时，首先要选取适量的洗涤剂，因为过多并不意味着更干净。然后放入足量水浸泡，使其得到充分溶解，时间应大于15秒，再用流动的水冲洗即可。

㉑ 不同类型的洗涤剂 不能混用

有些消费者认为各类洗涤剂混用会增强清洁效果,实际上有些洗涤剂混用时会发生一些对人体健康有害的物质,那么如何正确使用各类洗涤剂呢?

厨房用洗涤剂

厨房用洗涤剂通常有两大类:

一类是用于清洗餐具的洗涤剂(如洗洁精),因其主要成分是化学合成的烷基类表面活性剂,所以不仅对皮肤有刺激性,而且用于洗涤蔬菜、水果和餐具时,残留的烷基苯磺酸盐对人体也有一定的危害,必须使用大量的水冲洗才能去除有害物质。洗涤后的水果、蔬菜应反复冲洗彻底去除残留物,以免影响健康。

另一类是用于清洗灶具、排气扇油垢的洗涤剂,使用时将其直接喷洒到油垢表面即可。由于它的渗透能力、脱脂能力和碱性均很强,人手不宜直接接触,否则对皮肤有损伤。

不管是哪一类洗涤剂都不可乱放,以免因为儿童无知和好奇误饮后造成不堪设想的后果。

2 卫生间用洁厕剂

洁厕剂按其配方组成不同大致可分为酸性产品、中性产品和碱性产品。

目前市场上以酸性产品为主，清洗效果最佳。其主要成分是各种无机酸或有机酸、缓蚀剂、增稠剂、表面活性剂、香精等。当次氯酸钠等常用漂白剂遇到此类洁厕剂时会释放出有毒的氯气而影响人体健康。

洁厕剂的生产企业一般会在洁厕剂的使用注意事项中注明：**勿与漂白剂混用**。酸性洁厕剂的主要危害是其中的酸性物质会对皮肤产生一定的刺激和腐蚀，使用时不应与皮肤、衣物接触，一旦接触应立即用大量清水冲洗。

3 衣用洗涤剂

洗衣粉是最常用的衣用洗涤剂，一般是碱性的，不宜用来洗羊绒制品。因为羊绒表面有一层弱酸性保护层，羊绒组织结构中含有蛋白质，使用碱性较强的洗衣粉会使其受到破坏。洗衣粉也不能当浴液、肥皂使用，以免损伤皮肤。

22 天然皂粉与洗衣粉一样吗

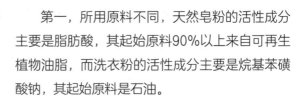

皂粉 ≠ 洗衣粉

两者的主要区别

第一，所用原料不同，天然皂粉的活性成分主要是脂肪酸，其起始原料90%以上来自可再生植物油脂，而洗衣粉的活性成分主要是烷基苯磺酸钠，其起始原料是石油。

第二，由于主要的活性成分不同，两者的配方结构要求也不相同。

第三，功能的不同，天然皂粉优于洗衣粉，更适合洗贴身衣物。

目前市场上出现了名叫天然皂粉的产品，很多消费者都以为也是一种洗衣粉，其实皂粉不等于洗衣粉。

天然皂粉的优点

第一，与一般的合成洗衣粉相比，天然皂粉不含聚磷酸盐，且具有天然特性，因此对皮肤的刺激性小、安全且保护织物，对织物具有亲和性，洗后衣物蓬松柔软，解决了用合成洗衣粉多次洗涤后织物上的污垢积淀造成织物硬化、带静电等问题。

第二，由于天然皂粉添加了钙皂分散剂，去污力更强。

第三，超低泡，更易漂清。很多人认为，洗衣粉泡沫越丰富，衣服越易洗干净。其实不然，欧、美、日等发达国家和地区目前超低泡粉已占市场绝对份额，超低泡的天然皂粉符合国际时尚流行趋势。

在使用洗衣粉、皂粉时正确的用法可以达到最佳的洗涤效果，而错误的用法不但影响洗涤效果，还会对衣物产生不良影响。如有的消费者洗衣服时，衣服往水里一扔，洒一些洗衣粉，也未将洗衣粉搅匀、溶解，过几个小时再洗。这样未溶解的洗衣粉黏在衣服上，时间长了会造成衣物发花，这是由于洗衣粉中含有微量增白剂，衣物长时间局部接触高浓度增白剂所致。

23 衣服泛黄了怎么办

有时，白色的衣服或浅色的衣服时间长了颜色会变黄，引起白色或浅色衣服泛黄的主要原因是什么呢？

衣服泛黄的原因

① 人身体分泌的油脂，特别是聚酯面料的衣物，更易泛黄。

② 洗涤时残留的肥皂渣滓，如果没有冲洗干净，会使衣服大面积变黄，最明显的见于亚麻纤维材质衣物。

一般解决办法

这一现象是有方法去掉的，例如在洗涤耐高温水洗的衣服时，大量使用清洁剂。

传统办法

在泛黄处喷洒上新鲜的柠檬汁，再放些盐并轻轻地揉搓，并将泛黄的衣服在烈日下悬挂暴晒。进行上述操作时，应小心避免使用含氯漂白剂。弹性纤维、丝绸、羊毛等面料接触含氯漂白剂会使其更黄。

 只有洗涤标识说明该衣物可直接日晒时，才可进行暴晒。

㉔ 干洗剂能去除水溶性污垢吗

　　干洗是指使用化学溶剂对衣物进行洗涤的一种方法。迄今为止，所用的干洗剂主要有以下4类：**石油溶剂干洗剂、氟里昂溶剂干洗剂、液态二氧化碳干洗剂和四氯乙烯干洗剂。**

　　衣物上的污垢，有油溶性和水溶性污垢。此外，还有部分固体颗粒污垢是通过油污吸附在织物上的。采用干洗剂洗涤一般可以将织物上的油污和固体污垢除去，而不能把水溶性污垢除去。

　　要想除去水溶性污垢，还不能加入水分，否则就会带来水洗的缺点（如缩水等），对这样矛盾着的问题应当怎么解决呢？采用增溶技术，既可除去水溶性污垢，又不会带来水洗的缺点。

　　增溶技术实际上就是在干洗剂中加入了表面活性剂。表面活性剂在溶剂中形成使亲水基向内，亲油基向外的逆胶囊，这样就能使水增溶在溶剂中，提高了去除水溶性污垢的能力。只要在相对湿度75%的条件下进行干洗操作，就能有效去除亲水的水溶性污垢。如果相对湿度超过80%，水分就会在溶剂中以乳状析出，影响干洗效果。当然，对于不同的干洗剂和不同的洗涤浓度，应采用不同的相对湿度。

表面活性剂的作用	● 提高溶剂浸透织物的能力 ● 促进固体污垢从织物上脱落 ● 水被增溶进来，从而促进水溶性污垢的去除 ● 避免织物泛黄

25 干洗对人体健康有哪些危害

日常生活中，有些不太好洗的衣物，有人把它送到干洗店去洗，也有人弄点干洗剂自己动手擦洗，认为很方便，也不难。您可曾知道，将衣物洗得这般干净的干洗剂，决不是一般的洗衣粉、洗涤剂和洗洁精的化学成分，干洗普遍使用的是四氯乙烯干洗剂，顾名思义，它的主要成分是四氯乙烯。

四氯乙烯是一种挥发性很强的去脂有机溶剂，微溶于水，易溶于乙醚、乙醇等有机溶剂。在紫外线的光照下，可产生光气，同时在与水接触时，可缓慢分解成三氯乙酸、氯化氢等。

若经常接触四氯乙烯，会表现出：
头晕、头痛、记忆力减退、手指麻木、皮肤干燥和脱皮

若急性吸入，会表现出：
口干、流涕、眼灼痛、口内金属甜味，甚至会眩晕、运动失调、意志不清

据医生临床报告，四氯乙烯对肝、肾也有一定的危害。

马上中断接触，然后到空气新鲜的环境下症状便可消失。

有报道表明，儿童对干洗剂中的四氯乙烯尤为敏感，美国的一项研究证实在人乳中发现了四氯乙烯，并且认为居住在干洗店附近儿童的视力问题可能与四氯乙烯有关。

关于干洗剂是否致癌，虽然研究人员尚未提出有力的数据证实四氯乙烯的致癌性，职业健康与安全研究专家还是建议将其作为潜在的致癌物来对待。

干洗剂中的四氯乙烯也是室内空气污染源之一。很多从业人员对干洗剂的危害一无所知，吃饭、睡觉全在这一房间。近年来，由室内空气污染引起的疾病等有关报道越来越多，而干洗剂等边缘材料使污染现状更加恶化。

尽管干洗业一直在寻找合适的干洗剂，但目前还没有一种理想的替代品可以取代四氯乙烯。

26 干洗衣物时应注意哪些问题

日常生活中，人们往往将大衣、西装等较为高档的衣物送去干洗，一些含毛制品，如羊毛衫、毛毯等由于水洗易变形缩水，也只能干洗。加上一些人由于工作忙碌，为图方便，也会将很多衣物径直送往干洗店。但是，人们在享受便利的同时，往往忽视了其中潜在的隐患。干洗用的干洗剂尤其是四氯乙烯对人体健康有很大危害，其中是对从业人员影响最为突出。因此，我们在生活中须对此多关注，但不必因噎废食。只要意识到其安全隐患，并采取适当措施，就可以消除它的危害。

尽量避免将贴身衣物、床单、被套等进行干洗

从健康的角度考虑，这些物品一般应采用舒适透气的棉制品制作，直接水洗就可以了。

拿回家先通风12小时

四氯乙烯易挥发，在通风良好的条件下，可以在短时间内挥发。所以，干洗后的衣物拿回家后，不要立即放入橱柜，应先在通风良好的阳台等处晾置12~24小时。有研究表明，晾置12小时以上，衣物上残留的四氯乙烯可降至痕量。由于四氯乙烯易挥发且有特殊气味，因而可通过气味判断衣物上四氯乙烯的残留量。一般刚从干洗店取回的衣物往往有刺鼻的气味，晾置一段时间后，气味可随浓度的降低而逐渐消失。

除注意避免衣物上的四氯乙烯与人体皮肤的直接接触外，还要注意它的挥发对室内空气造成的污染。干洗后的衣物不应晾置在室内。晾置后，这些衣物无须与其他衣物分开放置，但必须定期开橱通风。

干洗要到正规门店

小型干洗店常在显眼处摆放着一台干洗机，与悬挂在上方的"干洗"广告牌交相辉映，有的小店干脆摆上一台较大型的烘干机来鱼目混珠，不明就里的顾客很容易被蒙混过去。为什么要"虚晃一枪"呢？原因很简单，干洗机太贵，对于小作坊属巨资。因此干洗的过程及效果如何令人怀疑。

谨慎自行购买干洗剂

对于一般家庭来说，最好不要自己动手购买干洗剂来干洗衣物，以防中毒或造成潜在危害。若确实需要自己洗，也应将门窗全部打开，在通风条件下进行。干洗行业的从业人员，应避免在操作间食宿，做到操作间与休息室严格分开。四氯乙烯要存放在阴凉干燥处，以防其挥发或引起火灾，要增强自我保护意识，定期到有关医院进行健康检查。

> 卫生监督部门应定期对作业现场的毒物浓度进行监测，以便采取更有效的保护措施。

花花~帮我拿一下消毒剂~
——（妆妆姐画外音）

妆妆姐，
哪个是呀~

还没找到吗?
算了，我自己来吧!

第二章

消毒剂与
健康

㉗ 消毒剂，你了解多少

人类生存环境中到处有微生物存在，人类生命活动中无时无刻不与各种微生物接触，它们为人类提供了各种各样的食物、饮料，帮助人类改造自然，在某种程度上讲，人类赖以生存于微生物，但是，也有少数微生物可引起人类疾病流行，动植物死亡，对人类生存造成威胁。

消毒的任务就是要将这些致病微生物消灭于机体外环境中，切断传染病的传播途径，防止某些感染症的发生。

消毒过程中使用到的制剂即为消毒剂，简单说是指用于杀灭传播媒介上病原微生物，使其达到无害化要求的制剂，人们常称它们为"化学消毒剂"。

按杀菌作用的强弱可分为

高效消毒剂

中效消毒剂

低效消毒剂

高效消毒剂在较短时间内能杀灭包括细菌芽孢在内的所有微生物，主要包括过氧化物类消毒剂如过氧乙酸、过氧化氢、臭氧、二氧化氯等；醛类消毒剂如甲醛、戊二醛等；烷基化类消毒剂如环氧乙烷等；含氯消毒剂如漂白粉、次氯酸钠、次氯酸钙、二氯异氰脲酸钠、三氯异氰脲酸等。

中效消毒剂能杀灭除芽孢以外的所有微生物，有醇类、酚类和含碘消毒剂等。

低效消毒剂只能杀灭部分细菌繁殖体、真菌和病毒，不能杀灭结核杆菌、细菌芽孢和抗力较强的真菌和病毒的消毒剂，如新洁尔灭、洗必泰等。

任何单一的消毒剂都存在一定的不足，因此常通过化学成分配伍组成复方消毒剂，以达到下列一项或几项目的：

①提高杀菌效果　②增强消毒剂稳定性　③增加去垢作用

④防止对物品的腐蚀　⑤增加溶解作用

复方消毒剂可由主要消毒成分与协同消毒剂、表面活性剂、激发剂、增效剂、酸碱调节剂、稳定剂、去垢剂、防腐剂、雾化剂、黏附剂等化合物中的一种或几种构成。

28 日常生活中应用消毒产品并不是多多益善

原本只在医疗卫生机构能闻到的消毒水气味，随着2003年突如其来的严重急性呼吸综合征（SARS）疫情，消毒剂就悄悄进入了寻常百姓家，并且越来越火爆。除了专业的消毒药水，消毒类产品更是进入到洗手、沐浴、洗衣服等生活的每一个细节。

至于为什么购买消毒产品，很多人可能对此并不太了解，只是有"大家用我也用"的从众心理，另外一方面就是觉得"干净点总是好的"，殊不知一些厂家正好以此为噱头赚到盆满钵满，甚至出现含糊概念、混淆视听等情况，以此蒙骗消费者。

"正牌"消毒水往往都有字号、批文，从专业角度来说，它们用得越多是不是就越好呢？人的皮肤上、衣服上的确有不少细菌，但是很多不致病，当消毒水把致病菌杀灭的时候，那些不致病并且对人体有益的益生菌也遭到破坏。平时这些致病菌和益生菌相互作用，形成细菌微生态的一个平衡。在日常生活中，自身的调节能力和这种细菌本身的平衡关系让我们和细菌总是和平相处。当出现相对严重感染时，我们则需要求助专业医生给予杀菌消毒指导，所以在日常生活中并不需要那么多的消毒药水。

不仅如此，滥用消毒液和滥用抗生素一样，总体上都不利于人类周围卫生环境。有不少专家甚至担心，因为我们无意中大量使用消毒剂会破坏环境，可能导致人类整体生存环境改变。

当然消毒剂也不是一无是处。建议使用消毒剂的场所包括：

① 在旅游时，一些公共浴盆洗脸台可以使用消毒剂以防交叉感染；

② 探望完患者或接触病菌比较多的情况后可以使用消毒剂；

③ 一些已经证实可以杀灭某种病毒的消毒剂，如高锰酸钾对付一些皮肤感染，在特定情况下可以有针对性使用。

㉙ 消毒剂的味道越大效果就越好吗

　　有些人可能认为消毒剂的味道越大消毒效果就越好。其实，消毒产品的气味大小与消毒效果无直接关系。

　　实际上，气味越大，对呼吸道及黏膜损伤就越大，有些产品还会对全身功能造成损伤。每种毒气都有特殊的味道，且对人体具有损伤作用。如氯的气味很大，对身体损害人人皆知。

戊二醛会刺激人的皮肤、眼睛、喉咙与肺部，甚至会导致皮肤与呼吸道过敏。

一旦对戊二醛有过一次过敏反应，以后就算仅接触极少的份量，也会再度引起过敏症状。

30 优质的家用消毒产品应该符合什么标准

家用消毒产品应具备以下条件：

① 高效无毒，杀菌快速且无毒性。

② 无腐蚀性，不伤皮肤，不损坏衣物等。

③ 无刺激性，对皮肤、黏膜无刺激，无损伤。

④ 不受有机物影响，有机物不影响杀菌效果。

⑤ 稳定性好，保存时间长，杀菌效果好。

⑥ 安全环保，使用过程和用后无污染，安全性高。

③ 消毒剂可以当作药使用吗

消毒剂是杀灭环境中微生物的（化学）制剂，一般感染则是病菌侵入体内并进行繁殖，所以靠外用某些消毒剂来治病是靠不住的。消毒剂切断的是传染病传播途径，它不但没有药效作用，即使有也仅限于体表部分，若长期使用反而会对患者造成伤害。

消毒剂 ≠ 药

现在很多消毒产品厂家为了赢利便把消毒产品包装为药品销往医院药房、药店。例如：

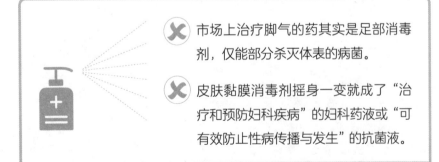

❌ 市场上治疗脚气的药其实是足部消毒剂，仅能部分杀灭体表的病菌。

❌ 皮肤黏膜消毒剂摇身一变就成了"治疗和预防妇科疾病"的妇科药液或"可有效防止性病传播与发生"的抗菌液。

由于国家对消毒产品与药效产品界限不明确，很多消毒产品在上市时都变成了治疗某种疾病的"特效药"，以混淆广大患者的耳目。为改变这种"以消充药"的状况，原卫生部于2005年5月底下发了关于调整消毒产品监管范围和许可范围的通知，有关内容如下。

　　（1）根据《消毒管理办法》及相关规定，即日起，卫生行政部门不再将以下产品纳入消毒产品进行受理、审批和监管：①专用于人体足部、眼睛、指甲、腋部、头皮、头发、鼻黏膜等特定部位的具有消毒或抗（抑）菌功能的产品；②口罩；③避孕套。

　　（2）对于已经获得消毒产品卫生许可批件的用于人体足部、眼睛、指甲、腋部、头皮、头发、鼻黏膜等特定部位的皮肤消毒剂，可在卫生许可批件有效期内继续生产销售，批件到期后不予换发。

　　（3）对于已经获得卫生用品备案凭证的用于人体足部、眼睛、指甲、腋部、头皮、头发、鼻黏膜等特定部位的抗（抑）菌制剂、口罩和避孕套，自2006年1月1日起，新生产的产品不得再以消毒产品的名义销售，不得在产品包装、标签和说明书上标识任何与消毒产品管理有关的许可证明编号，如消毒产品生产企业卫生许可证号、消毒产品卫生许可批件文号、消毒产品备案文号等。

（4）对于未获得卫生用品备案凭证的用于人体足部、眼睛、指甲、腋部、头皮、头发、鼻黏膜等特定部位的抗（抑）菌制剂、口罩和避孕套，自即日起，新生产的产品不得再以消毒产品的名义销售，不得在产品包装、标签和说明书上标识任何与消毒产品管理有关的许可证明编号，如消毒产品生产企业卫生许可证号、消毒产品卫生许可批件文号、消毒产品备案文号等。

（5）皮肤黏膜消毒剂和抗（抑）菌制剂不得宣传对人体足部、眼睛、指甲、腋部、头皮、头发、鼻黏膜等特定部位的消毒或抗（抑）菌作用。

（6）取消对下列消毒产品的卫生许可：①紫外线杀菌灯；②食具消毒柜；③压力蒸汽灭菌器；④75%单方乙醇消毒液。上述产品生产企业要在取得生产企业卫生许可证的基础上，按照相关法规、标准和规范生产，并在产品上市后2个月内向生产企业所在地卫生行政部门备案。各地卫生行政部门要根据相关法规、标准和《消毒技术规范》，加强对上述产品的监督管理。

32 国家对消毒产品标签的管理

国家明确规定消毒产品不得暗示治疗作用。原卫生部于2005年11月公布《消毒产品标签说明书管理规范》。规范要求：**消毒产品标签、说明书不得有虚假夸大、明示或暗示对疾病有治疗作用和效果的内容。**例如，湿巾不得标注抗菌、杀菌作用。

消毒产品包括消毒剂、消毒器械和卫生用品。规范明确规定了消毒产品标签及说明书禁止标注的内容。

① 卫生巾（纸）等产品禁止标注消毒、杀菌、药物、避孕等内容；

② 湿巾等产品禁止标注无毒、预防性病、治疗疾病等内容；

③ 湿巾禁止标注抗菌、杀菌作用；

④ 隐形眼镜护理用品禁止标注全功能、高效、无毒、灭菌或除菌等字样，禁止标注无检验依据的消毒、抗（抑）菌作用，以及无检验依据的使用剂量和保质期；

⑤ 消毒剂禁止标注广谱、速效、无毒、抗炎、消炎、治疗疾病、减轻或缓解疾病症状、预防性病、杀精、避孕及抗生素、激素等禁用成分内容；

⑥ 消毒产品的标签和使用说明书中均禁止标注无效批准文号或许可证号以及疾病症状和疾病名称（疾病名称作为微生物名称一部分除外）。

这项规范将从2006年5月1日起施行。

33 如何正确使用、储存消毒剂

消毒剂使用前首先要仔细阅读使用说明书，了解消毒剂的规格和使用注意事项。消毒剂的有效成分、组成、浓度和作用时间是决定消毒效果的主要因素。对消毒剂的有效浓度正确换算和随时监测是达到消毒要求的保证，如市售过氧乙酸一般分1#和2#溶液分别包装。使用时，需将1#和2#溶液等比例混合，静置一定时间后（室温低于25℃时需适当延长时间）可得到有效成分质量分数为16%~18%的消毒液原液。

不同消毒剂的有效期、穿透力、毒性、腐蚀性及刺激性均不同，如季铵盐与洗必泰等渗透性差，易受干扰，消毒需要时间长；醇类消毒剂易挥发且药物滞留时间短。甲醛和有机氯等有潜在的致癌作用，已逐渐淘汰，应尽量避免使用。

消毒剂的有效浓度和作用时间是保证消毒效果的关键，因此确定污染微生物后要保证消毒处理剂量。但盲目提高应用浓度不仅会造成浪费、增加毒性和刺激性、损坏物品，而且容易在微生物表面形成一层保护膜，影响消毒效果。

使用方法

要选择消毒剂的最佳使用方法，其用法主要有喷雾法、浸渍（泡）法、擦拭法、撒布法、混入法与熏蒸法等。

喷雾法适于较大范围的空间或表面；浸渍法适于多孔、可渗透的物件；混入法多用于分泌物、排泄物；熏蒸法适于密闭空间。

注意与其他技术的配合使用，如水处理时，可采用的氧化剂有 O_3、$KMnO_4$、H_2O_2、ClO_2 和 O_2 等。但单独一种氧化剂往往对某些有机物无能为力，采用联用技术，如 O_3/H_2O_2 混合氧化；光激发氧化法的紫外线（UV）与 O_3、O_2 等氧化剂的联用，以及吸附、膜消毒、生物预处理技术等的联用。

使用原则

消毒剂使用的基本原则是：①目的明确、对象清楚和方法正确；②尽可能不用、少用、低剂量、用高效低毒产品以及用物理方法；③确有疫情时应检测消毒效果，消毒与灭菌效果检测应遵照消毒与灭菌效果检测有关标准。

注意事项

消毒剂可能出现中毒、腐蚀、漂白、污染、燃烧和爆炸等安全问题，配制和使用消毒剂时应注意安全和个人防护。消毒剂仅用于物体及外环境的消毒处理，切忌内服，避免让儿童接触。

储存

消毒剂一般可在常温下于阴凉处避光保存，但不能存放于食品柜、冰箱或口服饮料瓶中。过氧乙酸、过氧化尿素稀释液和电解酸性水等消毒剂稳定性较差，最好使用时再配制，有些消毒剂，如环氧乙烷和乙醇易燃易爆应远离火源。有些消毒剂，如臭氧水、高氧化还原电位水等应现生产现用。

③ 含氯消毒剂是 如何杀菌的

凡是能溶于水，产生次氯酸的消毒剂统称含氯消毒剂。它是一种古老的消毒剂，但至今仍然是一种优良的消毒剂。通常所说的含氯消毒剂中的有效氯，并非指氯的含量，而是消毒剂的氧化能力，即相当于多少氯的氧化能力。

含氯消毒剂	
有机氯	无机氯
以氯胺类为主	以次氯酸为主
杀菌作用慢	杀菌作用快
性能稳定	性能不稳定

含氯消毒剂是如何杀菌的呢？

现在普遍认为其杀菌机理有三点：

一是次氯酸的氧化作用。次氯酸为很小的中性分子，它能扩散到带负电荷的菌体表面，并通过细胞壁穿透到菌体内部起氧化作用，破坏细菌的磷酸脱氢酶，使糖代谢失衡而致细菌死亡。

三是氯化作用。氯通过与细胞膜蛋白质结合，形成氮氯化合物，从而干扰细胞的代谢，最后引起细菌的死亡。

二是新生态氧的作用。由次氯酸分解形成新生态氧，将菌体蛋白质氧化。

含氯消毒剂

 优点

① 杀菌谱广、作用迅速、杀菌效果可靠，通常能杀灭细菌繁殖体、病毒、真菌孢子及细菌芽孢；

② 毒性低； ③ 使用方便、价格低廉。

 缺点

① 不稳定，有效氯易丧失； ② 对织物有漂白作用；

③ 有腐蚀性； ④ 易受有机物、pH值等的影响。

㉟ 如何正确使用含氯消毒剂

常用的消毒灭菌方法有浸泡、擦拭、喷洒与干粉消毒等方法。

浸泡法

将待消毒或灭菌的物品放入装有含氯消毒剂溶液的容器中，加盖。

① 对细菌繁殖体污染物品的消毒，用含有效氯200~500mg/L的消毒液浸泡10分钟以上。

② 对肝炎病毒和结核杆菌污染物品的消毒，用含有效氯2000mg/L的消毒液浸泡30分钟以上。

③ 对细菌芽孢污染物品的消毒，用含有效氯2000mg/L的消毒液浸泡30分钟以上。

擦拭法

对大件物品或其他不能用浸泡法消毒的物品用擦拭法消毒。消毒所用药物浓度和作用时间参见浸泡法。

喷洒法

① 对一般污染表面，用1000mg/L的消毒液均匀喷洒（墙面：200ml/m^2；水泥地面：350ml/m^2，土质地面，1000ml/m^2），作用30分钟以上。

② 对肝炎病毒和结核杆菌污染的表面的消毒，用含有效氯2000mg/L的消毒液均匀喷洒（喷洒量同前），作用60分钟以上。

干粉消毒法

① 对排泄物的消毒，用漂白粉等粉剂。含氯消毒剂按排泄物的1/5用量加入排泄物中，略加搅拌后，作用2~6小时。

② 对医院污水的消毒，用干粉按有效氯50mg/L用量加入污水中并搅拌均匀，作用2小时后排放。

> **使用含氯消毒剂时的注意事项**

- 应置于有盖容器中保存，并及时更换。
- 勿用于手术器械的消毒灭菌。
- 浸泡消毒时，物品勿带过多水分。
- 勿用于被血、脓、粪便等有机物污染表面的消毒，物品消毒前应将表面黏附的有机物清除。
- 勿用于手术缝合线的灭菌。
- 用含氯消毒剂消毒纺织品时，消毒后应立即用清水冲洗。

36 臭氧消毒对人体健康是否有害

臭氧在常温下为爆炸性气体，有特殊臭味，为已知最强的氧化剂。臭氧在水中的溶解度较低（3%），稳定性差，在常温下可自行分解为氧。所以，臭氧不能瓶装储备，只能现场生产，立即使用。

臭氧是一种广谱杀菌剂，可杀灭细菌繁殖体和芽孢、病毒、真菌等，并可破坏肉毒杆菌毒素，其杀菌原理主要是靠强大的氧化作用，使酶失去活性导致微生物死亡。一般用于水、物体表面、空气消毒。

空气中的微生物

臭氧对空气中的微生物有明显的杀灭作用，采用30mg/m³浓度的臭氧，作用15分钟，对自然菌的杀灭率达到90%以上。用臭氧消毒空气，必须是在无人条件下，消毒后至少过30分钟才能进入，可用于手术室、病房、无菌室等场所的空气消毒。

物体表面上的微生物

臭氧对物体表面上污染的微生物有杀灭作用，但作用缓慢，一般要求60mg/m³，相对湿度≥70%，作用60~120分钟才能达到消毒效果。

用臭氧消毒时，应注意以下几点：

① 臭氧对人有毒，国家规定大气中允许浓度为0.2mg/m³，故消毒必须在无人条件下进行。

② 臭氧为强氧化剂，对多种物品有损坏，浓度越高对物品损坏越重，可使铜片出现绿色锈斑；使橡胶老化、变色、弹性减低，以致变脆、断裂；使织物漂白褪色等。

③ 温度和相对湿度可影响臭氧的杀菌效果。臭氧作水的消毒时，0℃最好，温度越高，越有利于臭氧的分解，故杀菌效果越差。加湿有利于臭氧的杀菌作用，相对湿度越大杀菌效果越好，一般要求相对湿度大于60%。

因为

臭氧对人体呼吸道黏膜有刺激作用，空气中臭氧浓度达1mg/m³时，即可嗅出，达2.5～5mg/m³时，可引起脉膊加速、疲倦、头痛，人若停留1小时以上，可发生肺气肿，以致死亡。

对房间消毒需在无人条件下进行，消毒后30～60分钟臭氧自行分解为氧气，其分解时间内仍有杀菌功效，故空气消毒后，房间密闭仍可保持30～60分钟，然后开窗通风后进入便无影响。

37 碘伏消毒剂应如何正确使用和保存

碘伏是以表面活性剂为载体的不定型络合物，其中表面活性剂兼有助溶作用。该消毒剂中的碘在水中可逐渐释放，以保持较长时间的杀菌作用。所用表面活性剂，既能作为碘的载体，又有很好的溶解性，有阳离子、阴离子和非离子之分，但以非离子最好。碘伏起杀菌作用的主要原理是碘元素本身，它可卤化菌体蛋白质，使酶失去活性，导致微生物死亡。

碘伏为中效消毒剂，能杀灭细菌繁殖体、结核杆菌及大多数真菌和病毒，但不能杀灭细菌芽孢。主要适用于皮肤、黏膜的消毒。

优点

- 具有中效、速效、低毒、对皮肤无刺激、黄染较轻的特点。
- 易溶于水，兼有消毒、洗净两种作用。
- 使用方便，可以消毒、脱碘一次完成，勿需碘酊消毒、乙醇脱碘。

缺点

- 受有机物影响大。
- 对铝、铜、碳钢等二价金属有腐蚀性。

常用方法

消毒处理的常用方法包括浸泡法、擦拭法、冲洗法等。

浸泡法

将清洗、晾干待消毒的物品放入装有碘伏溶液的容器中，加盖。对细菌繁殖体污染物品的消毒，用含有效碘250mg/L的消毒液浸泡30分钟。

擦拭法

对皮肤、黏膜用擦拭法消毒。消毒时，用浸有碘伏消毒液的无菌棉球或其他替代物品擦拭被消毒部位。对卫生洗手消毒，用含有效碘500mg/L的消毒液擦拭2分钟；对外科洗手用含有效碘3000~5000mg/L的消毒液擦拭3分钟；对于手术部位及注射部位的皮肤消毒，用含有效碘3000~5000mg/L的消毒液局部擦拭2遍，作用2分钟；对口腔黏膜创面消毒，用含有效碘500mg/L的消毒液擦拭，作用3~5分钟。

冲洗法

对阴道黏膜及伤口黏膜创面的消毒，用有效碘250mg/L的消毒液冲洗3~5分钟。

储存

应于阴凉处避光、防潮、密封保存。

注意事项

因其对二价金属制品有腐蚀性，不应用于相应金属制品的消毒。消毒时，若存在有机物，应提高药物浓度或延长消毒时间。避免与拮抗药物同用。

38 乙醇消毒剂应如何正确使用和保存

乙醇属中效消毒剂，能杀灭细菌繁殖体、结核杆菌及大多数真菌和病毒，但不能杀灭细菌芽孢，短时间不能灭活乙肝病毒。目前医院使用很普遍，主要用于皮肤、环境表面及医疗器械的消毒。

醇类消毒剂杀灭微生物主要依靠三种作用：

① 破坏蛋白质的肽健，使之变性。
② 侵入菌体细胞，解脱蛋白质表面的水膜，使之失去活性，引起微生物新陈代谢障碍。
③ 溶菌作用。

乙 醇

优点
- 具有中效、速效的杀菌作用。
- 无毒、无刺激，对金属无腐蚀性。

缺点
- 受有机物影响大。
- 易挥发，不稳定。

用乙醇消毒处理的常用方法

浸泡法就是将待消毒的物品放入装有乙醇溶液的容器中，加盖。对细菌繁殖体污染医疗器械等物品的消毒，用70%~75%的乙醇溶液浸泡30分钟以上；对外科洗手消毒，用75%的乙醇溶液浸泡5分钟。

对皮肤的消毒采用擦拭法，即用75%乙醇棉球擦拭。

注 意 事 项

- 乙醇消毒剂应置于有盖容器中保存，并及时更换。
- 勿用于外科手术的消毒灭菌。
- 勿用于涂有醇溶性涂料表面的消毒。
- 浸泡消毒时，物品勿带过多水分。
- 勿用于被血、脓、粪便等有机物污染表面的消毒。
- 物品消毒前，应将表面黏附的有机物清除。

39 在使用新洁尔灭消毒剂时应注意什么

新洁尔灭属季铵盐类消毒剂，它是一种阳离子表面活性剂，在消毒学分类上属低效消毒剂。

新洁尔灭消毒剂

优点
1. 没有难闻的刺激性气味；2. 易溶于水；
3. 有表面活性作用；4. 耐光耐热；
5. 性质较稳定，可以长期贮存。

缺点
1. 易受有机物的影响；
2. 吸附性强。一块10cm×10cm的纱布浸入1000ml 0.1%的新洁尔灭溶液中，可使该溶液变成0.05%的浓度。

污染物品的消毒可用浓度为0.1%～0.5%的新洁尔灭溶液喷洒、浸泡或抹擦，作用10～60分钟。如水质过硬，可将浓度提高1～2倍。皮肤消毒可用浓度为0.1%～0.5%的溶液涂抹、浸泡。黏膜消毒可用0.02%的溶液浸洗或冲洗。

使用新洁尔灭消毒剂时应注意：

1

新洁尔灭为低效消毒剂，易被微生物污染。外科洗手液必须是新鲜的，每次更换时，盛器必须进行灭菌处理。用于消毒其他物品的溶液，最好随用随配，放置时间一般不超过2~3天。使用次数较多，或发现溶液变黄、发浑及产生沉淀时，应随即更换。

2

消毒物品或皮肤表面黏有拮抗物质时，应清洗后再消毒。不要与肥皂或其他阴离子洗涤剂同用。也不可与碘或过氧化物等消毒剂合用。

3

配制水溶液时，应尽量避免产生泡沫，因泡沫中药物浓度比溶液中高，影响药物的均匀分布。

4

因本药不能杀灭结核杆菌和细菌芽孢，不能作为灭菌剂使用。亦不能作为无菌器械保存液。

5

若消毒带有机物的物品时，要加大消毒剂的浓度或延长作用的时间。

40 如何安全地使用消毒剂

病菌无处不在，严重威胁着人们的健康。消灭病菌，预防疾病至关重要。只要有生命的存在，病菌就存在，关键看怎样去消灭病菌。选择优质的消毒产品，既能杀菌，又不影响身体健康，环保、安全至关重要，把一种病菌的侵害变为另一种人为伤害是消毒的最大失败！消毒剂使用不当，轻者使身体感觉不适，重者可能对身体造成严重损伤。

消毒分疫原地消毒和预防性消毒两类。目前老百姓日常生活消毒多属预防性消毒。但现在许多机关、企事业单位和居民在预防性消毒中，未能充分认识消毒药剂在杀菌消毒的同时，也不同程度地存在着对人体和环境的危害性，以致出现无病家庭一天反复喷洒消毒药水，一些普通场所消毒药水浓度越来越高等现象。

人体的皮肤、口腔、鼻腔、肠胃道、泌尿生殖道等腔道均与外界沟通，在正常情况下，都依靠各腔道内定居的正常微生物构成生物膜屏障，维系着人体内平衡。目前，人们普遍使用的消毒药剂是过氧乙酸和含氯制剂，这些化学药剂如果剂量过大或使用次数过多，不仅容易刺激人的口腔、鼻腔黏膜等，使呼吸道受损，而且会伤害许多有益细菌，破坏定居在各腔道内的正常微生物构成生物膜保护屏障，致病菌有可能进入人体内部，造成其他的疾病。

因此，在预防性消毒中，消毒药剂的选用有高、中、低效之分，若必须要消毒时要选择合适的消毒药剂，需要低效的决不用高效的消毒剂。无患者的家庭，通常只需保持通风换气即可，当家庭客人较多时，待客人离去后，可以在无人的条件下用过氧乙酸消毒，并控制消毒剂的剂量。

家庭应树立这样的观念

适度清洁：并不是清洁得越勤越好。喷洒0.5%过氧乙酸和84消毒剂，每三天交替使用一次足矣。如果家里一直比较干净，一周一次也足够。

注意防护：使用时戴上口罩和橡胶手套，可以大大降低化学物质的危害。为了你的身体健康和支出，除了可以合理使用杀菌的清洁产品，也不妨试试一些温和的清洁方法，在去除有害菌的同时，能尽量保留有益菌，使我们更健康。

41 消毒产品具有哪些隐患

1 好坏不分

细菌其实分致病菌和益生菌。生活中并不是所有的细菌对人体都有害，有益菌也很多，它们是一道健康防护墙，能够与有害微生物抗衡，限制其繁殖，保护人体免受疾病的侵扰。而承诺给我们健康的杀菌产品在杀灭有害病菌的同时，也将有益菌一并杀灭了，破坏了细菌之间的平衡，使人体免疫力下降，容易被疾病侵袭；同时还会使身体产生耐药菌，对身体健康危害更大。

2 散发危险

杀菌消毒产品的主要成分是化学物质，使用时易在房间中挥发，在空气中飘散，对家人的健康也会构成潜在的危害，导致头疼、恶心。如果是过敏体质，还容易引发过敏、哮喘等疾病。

3 伤害发肤

　　直接使用某些杀菌消毒产品，其中所含的表面活性剂、助洗剂及其他的化学添加剂都能破坏皮肤表面的油性保护层，进而会对皮肤造成腐蚀和伤害，造成难看的"主妇手"，对头发及人体的其他器官也有不同程度的侵害。

4 价格昂贵

　　相对于皂类和一些不花钱的传统清洁方法，这些杀菌产品无疑会让你的钱包"出血"更多。

42 突发疾病期间不可滥用消毒剂

在防治突发疾病（如禽流感、非典、新型冠状病毒肺炎等）的特殊时期，消毒灭菌是预防控制传播的有效方法之一。消毒剂的正确使用，可以起到杀灭或抑制细菌、病毒生长繁殖的作用，从而避免交叉感染。同时，也可对人体的组织细胞产生毒性，破坏内环境的均衡，危害人类健康。

消毒剂使用不当会带来很多危害

1 可伤及人体组织器官

各种消毒剂对人体皮肤和黏膜均有不同程度的刺激性。在暴露配制和使用中，能刺激人的口腔、眼、鼻、呼吸道、肺部等，致使这些组织和器官受损，引起皮肤过敏、灼伤，出现黏膜瘙痒、红肿、干燥、脱皮症状或造成鼻炎、眼炎、咽炎及刺激性干咳、胸闷等病症。这些损伤和病症的程度与消毒频率、消毒剂的浓度成正相关。

2 可导致人体正常菌群失调

人体的正常菌群有维护组织器官生理活性，形成生物膜保护屏障，防止致病菌侵入的作用。如果过多滥用消毒剂，可造成人体多种有益细菌死亡，从而破坏定居在各腔道内正常微生物构成的生物膜保护屏障，给外来致病菌的侵入打开方便之门，造成难以治疗的二重和多重感染。

3 可产生细菌的耐药性和变异

滥用消毒剂与滥用抗生素一样，会导致微生物菌群产生抗药性和细菌变异，使消毒剂的灭菌功效明显降低，甚至毫无作用。尤其是在细菌反复接触亚致死量消毒剂的情况下，其耐毒变异的机率大增，抗消毒剂菌株将大量繁衍，化学消毒方法可能会出现无计可施的尴尬局面。值得注意的是，在各种综合性因素的影响下，由于医院内不合理使用抗生素和过多过滥地使用消毒剂，已成为各种耐药菌株生长的最佳培养环境。

4 可造成自然环境损害

含氯消毒剂的使用能在环境中生成有机氯化物，这种物质已被证实具有致癌、致畸、致突变的毒性作用，对生物和环境影响极大。由于消毒剂的酸性较高、氧化性较强，过量使用可对花草树木、土壤造成损害。有部分消毒剂由于对空气和水的污染，从而间接影响人体健康。有的消毒剂腐蚀作用强，使用不当则可造成生活物资的损坏。

㊸ 何为清洗消毒剂

清洗消毒剂是集消毒与清洁于一体的卫生药品制剂。根据使用目的的不同可以分为两种：

1

一种以消毒为主、清洗去污为辅，这类清洗消毒剂是在保证消毒效果的前提下，能有效去除污垢，促进消毒作用，常用于医院消毒。

2

另一类是以清洁为主、消毒为辅，这类制剂是在保证良好的去污能力的前提下，可杀灭或抑制普通致病菌，起到卫生保健的作用，多指宾馆、饭店及家庭所用的消毒洗衣粉、消毒洗涤剂等。

清洗消毒剂通常由化学消毒剂和洗涤剂或除垢剂以及助洗剂、稳定剂、缓蚀剂等组成。按所含消毒剂性质分为含氯清洗消毒剂、含碘清洗消毒剂、含过氧化氢清洗消毒剂和含季铵盐洗必泰清洗消毒剂等。

44 日常生活中的消毒主要包括哪几方面

日常生活中的消毒主要包括手、皮肤黏膜消毒，居室空气、物表消毒，食物、饮水消毒和物品消毒。

手、皮肤、黏膜消毒

日常生活中，洗手是最简单的卫生处理方法，单纯的清水冲洗只能简单清除无机性污染物，对微生物清除效果较差。水加洗涤剂在身上至少停留15秒，细细地清洗，这样不仅有足够的时间去除、杀灭有害细菌，还可去除70%～90%的临时沾染物。

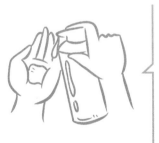

水+洗涤剂
∨
停留15秒
∨
去除、杀灭有害细菌和临时沾染物

居室空气、物表消毒

一般情况下，居室空气无需使用专门的消毒剂消毒，通风换气是保证居室空气卫生质量的重要措施。通风通常分为自然通风和机械通风两种。

自然通风具有经济、方便、效果好等特点，一般每天只需开门窗1~2小时即可净化室内空气，保证空气清新。自然通风难以实现或效果不够理想时，可采用排气扇或空调进行机械通风。

机械通风应保证有足够的新风量，对进入室内的空气进行过滤，滤网应定期清洗、消毒和更换，以保证室内空气清新、无毒，确实需要用消毒剂进行杀菌、消毒时，可选择一定浓度的过氧乙酸或过氧化氢喷雾消毒，也可选择臭氧空气消毒机，消毒后还要通风换气。

食物、物品消毒

多数食物经流动水清洗即可达到清洁的目的。如果怀疑食物上有农药残留等有害化学污染物，则可用水浸泡一段时间，再用流动水清洗，就能消除大部分的水溶性污染物。如果确实需要对食物进行杀菌消毒，可选择市场上常见的含氯消毒剂或臭氧发生器产生的臭氧水。

最简单实用的物品消毒方法是煮沸消毒。这种消毒方法效果可靠、杀菌能力强。

煮沸消毒时应注意:

- 消毒时间应从水沸腾时算起5~15分钟;
- 煮沸过程中不要再加入新的被消毒物品;
- 被消毒物品应全部浸入水中;
- 被消毒物品消毒前应清洗干净。

此外,有些衣物、被褥、凉席等物品也可采用紫外线消毒的方法。最常用的紫外线消毒方法是日光照射。确实需要化学消毒剂时,可选择市场上常见的含氯消毒剂。餐具的消毒也可选择各种市售的消毒柜。

45 理想的皮肤黏膜消毒剂应具备什么条件

皮肤黏膜是人体重要的防卫器官，为人体抵御外界生物和理化因子侵犯的重要屏障。

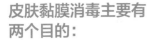

皮肤黏膜消毒主要有两个目的：

一是预防外科切口和伤口的微生物浸润和感染。

二是预防和控制皮肤携带病原微生物传播流行。

皮肤的附属结构有毛囊毛发，皮下层有汗腺、皮脂腺，腋下和会阴部有大汗腺，这些部位适合于细菌寄生和生长繁殖，特别是腋下和会阴部汗液分泌旺盛且不易散发，更加适合微生物生长繁殖。手和前臂皮肤由于褶皱和指缝以及手的特殊功能，也很容易受到污染。同时皮肤分布着丰富的神经，对理化因子的刺激较敏感，亦容易受理化因子的侵害。因此，皮肤黏膜不仅是消毒的重点，对消毒剂的选择也应慎重。

理想的皮肤黏膜消毒剂应具备的条件

- 杀菌效果可靠：可杀灭细菌芽孢之外的各种致病微生物。
- 作用快速：几分钟内达到预定的杀菌效果。
- 具有滞留杀菌效果。
- 无毒无味：对人员、环境无害。
- 无刺激剂性：不损伤皮肤，用于黏膜伤口而不使人痛苦。
- 使用方便：可洗、泡、擦、喷雾。
- 易推广，可接受性好，成本低。

46 皮肤黏膜常用的消毒方式包括哪些

1 手的卫生消毒

洗手是最简单的卫生处理方法，单纯的清水冲洗只能简单清除无机性污染物，对微生物清除效果较差；水加清洗消毒剂不仅可清除有机污染物，还可去除70%~90%的临时沾染物。对于野外生活或用水不方便时亦可采用消毒湿巾擦拭方法。

水加清洗消毒剂

清除 ① 有机污染物
②70%~90%的临时沾染物

2　伤口创面消毒

用于伤口创面的消毒剂必须无毒无刺激，不易产生耐药性。新鲜伤口处理首选消毒剂是碘伏，先用1000mg/L碘伏溶液冲洗伤口，洗去污染物直至冲洗液变清，然后用5000mg/L碘伏擦拭，这样处理后可直接清创。

3　口腔黏膜冲洗消毒

可以用0.1%碘伏溶液或0.5%氯己定溶液或0.5%三氯生溶液对口腔进行冲洗或擦拭，这样不仅可清洗口腔也可有效杀灭口腔细菌，预防感染。

4　妇科黏膜冲洗消毒

目前常用的消毒剂主要有500mg/L碘伏溶液、500～1000mg/L新洁尔灭水溶液、500mg/L洗必泰水溶液等。其中碘伏对真菌杀灭效果更可靠，效果更好，且对黏膜无刺激，可用于妇科冲洗和擦拭。

47 居室及公共场所可能隐藏的病原微生物应怎样防护

由于室内环境与人们生活密切相关，人们每时每刻都可能接触到的各种污染物及其可能存在的危害不容忽视，因此做到以下三点，对预防室内微生物污染造成的损害是非常必要的。

1

增强与室内环境污染有关疾病预防的意识，家居的装饰要容易清扫，这样可以减少尘螨和霉菌的寄生，对衣服和被褥要每隔一段时间进行清洗与消毒，以杀灭各种有害的微生物。对许多难清理的物件（如地毯）不要只清理其一面，以免下面附有尘螨等有害生物存在。

居室环境与健康有关的污染源中，微生物污染是其中重要的来源之一。如空调器的使用，会产生军团菌污染，通过空气气溶胶传播，可引起军团菌病的流行。居室内还会因霉菌、尘螨等污染而致病。居室中的霉菌污染可引起人体的变态反应，主要是由其产生的霉菌孢子、菌丝和代谢产物所致。

仅仅强调室内保湿、保温是不够的，要经常保持室内外空气自然流通，保持室内空气新鲜，这样不仅可避免由空调系统带来的微生物污染，而且可稀释室内污浊的空气，降低室内空气中的微生物数量。

提倡室外活动，呼吸新鲜空气。在空气传播的疾病流行期间要注意室内空气的消毒，确保室内空气的清洁。

48 过氧乙酸消毒剂对人体健康有哪些影响

严重急性呼吸综合征（SARS）期间，为控制SARS病毒的传播，许多单位和个人对公共场所和家庭居室等实施了大规模消毒措施。过氧乙酸当时作为卫生部门首选消毒剂，对控制病毒传播发挥了重要作用，但该消毒剂大量释放到室内外空气中，也可能对人体健康产生一定的影响。

过氧乙酸是一种强氧化剂，具有较强的醋酸臭味，易溶于水、乙醇和硫酸，性质不稳定，易挥发，有腐蚀性。对人体皮肤、眼睛、呼吸道黏膜等有强烈的刺激性作用。40%的过氧乙酸溶液严重灼烧皮肤、眼睛、呼吸道，并导致气短、咳嗽、喘息；高浓度的过氧乙酸溅入眼中能刺激眼部组织，引起结膜充血、角膜上皮损伤；有报道指出，过氧乙酸能引起接触性皮炎、急性肺水肿等症状。若误服过氧乙酸原液，除引起消化道黏膜损伤以外，还引起心脏、肝脏及神经系统损害。

调查发现

　　53.8%的普通人群和72.3%的职业人群（医护人员）反映在消毒剂环境中皮肤、眼睛、呼吸道等感到不适，严重者出现皮肤疾病、眼部组织损伤等症状。同时还表现出皮肤发痒、眼睛不适、咳嗽、呼吸困难、胸闷、头晕6种症状。其中咳嗽症状所占比例最大，0.2%～0.5%过氧乙酸消毒剂对人体呼吸道黏膜有明显的刺激作用。患有慢性咽炎、呼吸道疾病者在消毒剂环境中病情有所加重。

温馨提示

　　过氧乙酸消毒剂的合理使用应引起人们的高度重视。

49 卫生间应如何消毒

卫生间是家庭环境污染的"重灾区"，污染程度是室内其他地方的数倍。造成这种情况的原因主要有三点。

1 清洁顺序不对

卫生间的正确清洁顺序是先清洁洗脸池、台面等相对干净的部位，再清洁浴盆或浴缸，然后是坐便器或便坑，最后做地面清扫。清洁坐便器时，要先清洁便座，然后是便池外侧面、便池内侧面。卫生间的地面也应从内向外清洁。如果不按顺序清洁，就会造成**"污染物搬家"**。

2 一块抹布用到底

为避免交叉污染，清洁卫生间时不能只用一块抹布，更不要一块抹布用到底。最好按清洁部位的不同，选择不同颜色抹布，以免用错。

3

很少进行消毒

洗脸池与浴缸是与人皮肤接触最频繁的所在地。在正常的家庭里，各种轻微的皮肤病相当普遍。加上人在外环境的活动，皮肤上随时可能沾染上各种可能的病原微生物如各种细菌、病毒、真菌乃至寄生虫卵等，而这些极易使家中的洗脸池与浴缸遭到污染，因此对洗脸池与浴缸进行经常性的消毒处理、有助于防止各种污染的病菌与皮肤病在家庭中的蔓延。

正确的消毒方法

一般认为，对于洗脸池与浴缸的消毒，以带有去污剂的含氯消毒剂进行消毒效果较好，因其一可以彻底清洁油腻等附着物，阻止各种病原微生物的附着，其二可以杀灭残留的各种病原微生物。当然，用只有去污作用的碘伏擦洗消毒剂效果亦很好。

抽水马桶因为使用频繁，不可能每次用后均进行消毒处理。比较合理的消毒方法是用装有粉状含氯消毒剂的小布囊或消毒块（如三氯异氰尿酸固体块）挂在抽水马桶冲洗边缘，消毒剂随每次冲洗释放部分进入抽水马桶。这种方法可大大减少抽水马桶本身（水、抽水马桶、壁）的污染，并对坐垫、周边地面与空气也可产生部分消毒作用，是一种理想的消毒方法。

对于卫生间内的洗涤槽，因有机物积聚较多，也是各种微生物容易孳生的地方，而有机物可拮抗消毒剂的消毒作用，因此对这类场所，应将去污粉与含氯消毒剂同时使用，或者使用含有去污成分或表面活性剂的消毒剂，使去污与消毒同时进行，将大大提高消毒效果。

同时，对卫生间内环境中的各种物体表面（如水龙头、门把手、抽水马桶开关、坐垫圈、肥皂盒及墙壁、地面等）应经常清洁与消毒，防止病原微生物的滞留与孳生。

(50) 公用浴盆、毛巾可能传染什么疾病

　　痢疾、肝炎等肠道传染病病原体可以通过污染的物品传播扩散，经这类患者用过的物品上常有病原体污染。一个乙型肝炎患者用过的食品、玩具、床铺、桌面、门把手、水龙头等，都可以检出乙型肝炎表面抗原。

　　浴盆的消毒，通常可用质量分数为10%的漂白粉上清液或1%的过氧乙酸擦洗，每天3～4次，再用洗涤剂洗净。公用毛巾常常是沙眼衣原体、金黄色葡萄球菌和淋球菌的传播媒介，所以公用毛巾更应每次用后严格消毒，最好用流通蒸汽消毒30分钟，或采取微波炉消毒。个人专用毛巾隔几天用肥皂清洗一次即可。但如果被别人用过则必须消毒，可以用0.05%的清洗消毒液浸泡10分钟后清洗、晾干，或者先煮沸10分钟，然后再清洗。

公用毛巾常常是沙眼衣原体、金黄色葡萄球菌和淋球菌的传播媒介。

51 家庭衣服、被褥及纺织品应怎样消毒

洗涤

对于床单、被褥、枕套、窗帘、桌布、玩具等一切能洗涤的纺织品，洗涤是目前最简单、最常用的清洁消毒法。在碱性肥皂溶液65℃条件下，洗涤10分钟即可达到清洁和消毒的效果。洗涤亦可在洗衣机内进行。研究表明，用热水和洗涤剂进行机器洗涤后再彻底干燥，足以使衣服达到常规消除污染要求。

紫外线照射

首选方法是在阳光下暴晒，特别对于床垫、枕芯、毛毯、棉被、毛衣裤及大衣等较厚的纺织品，每年1～2次，暴晒6小时，既能防霉、防虫蛀，亦可达到消毒作用。也可用手提式高效紫外灯进行移动照射，由于紫外线穿透力弱，只有直接照射一面才有效。

煮沸消毒

是最廉价可靠的消毒方法，65℃、10分钟足以破坏大部分繁殖型细菌、真菌和病毒，但不能杀死芽孢。煮沸5～15分钟可灭活肝炎病毒。家庭中毛巾、浴巾、桌布、抹布、餐巾、手帕等适合于此法。

儿童用具的消毒主要达到以下四个目的，即"4防"。

防虫

夏季是各类小虫觅食、活动的好时节。其中螨虫危害最深，又最不引人注目。螨虫的营养源是霉菌和人体的头皮屑、污垢。螨虫的尸体及排泄物比活体更具污染力，它是引起宝宝支气管炎及哮喘的过敏原。有的妈妈一到夏天就把以前用过的凉席拿出来，不经清洗就给宝宝用，结果宝宝极易罹患螨虫性皮炎，甚至诱发支气管哮喘。苍蝇在夏天活动也最频繁，当它趴在宝宝食具上时，会边吃边排泄废物，这些排泄物对宝宝健康的威胁也不小。

防霉变

由于空气湿度高，气温适宜，非常适宜霉菌的生长与繁殖。大多数霉菌都会使人体引发感染，在室内飘浮的霉菌有一部分会随着室内的气流而附在宝宝的用具上，进而侵犯宝宝的机体。这个时节，宝宝患鹅口疮、霉菌性肠炎的发病率往往很高，病因就在这里。

 **防病原体**

据国内有关方面调查，塑料玩具被宝宝玩耍24小时后，其表面平均每平方米有35个菌落；木制玩具为59个；皮毛玩具为21 500个。如果长时间不用，引发的问题更多。其中包括痢疾杆菌、伤寒杆菌、流感病毒、乙型肝炎病毒等传染病的病原体。

 防异味

有的妈妈将冬日存放的毛巾被、毯子、凉席拿出来，不经消毒就给宝宝用。这些物品中，有的有樟脑味（对患有葡萄糖六磷酸脱氢酶（G-6-P-D酶）缺乏症的宝宝可诱发溶血，导致严重贫血），有的有霉味，有的还附着有害微生物。长期没有使用的空调中的过滤网，如不清洗，不仅有病菌，也会使空气中出现特殊的异味。有的异味就是宝宝重要的过敏原。

对儿童玩具的清洁消毒，我们应该掌握以下原则

1　玩具在购买后应先清洁再给孩子玩。如果是别人赠送的东西更要这样做。玩具在生产、包装、运输、售卖的各个环节不可避免地会沾染到一些看不见的细菌、病毒，清洗一下再给孩子玩会更安全。

2　玩具清洁消毒的频率通常以每周一次为宜，家长也可以根据玩具的使用频率和材质灵活掌握。周末的时候可以告诉孩子玩具也要洗个澡，然后和孩子一起做，清洁玩具的同时也培养了孩子的卫生习惯和劳动能力。另外不要用同一块抹布到处擦，尤其不能用清洁家居的抹布来擦拭孩子的玩具，避免交叉污染。

　　有调查表明，玩具污染程度比衣服、被褥以及餐具等更为严重，很容易检出大肠埃希菌、乙型肝炎病毒等致病微生物，因此要对玩具及时定期消毒。

3　　要选择适合的清洁消毒用品。应该选用婴幼儿专用的清洁剂、消毒剂，不要用普通的消毒剂为孩子的玩具消毒，因为这些消毒剂可能会对孩子的呼吸道产生刺激。

4　　玩具洗涤后要用大量流动的清水冲洗（电动玩具除外），可以尽量减少洗涤剂的残留。玩具清洗后要在通风和阳光直射处晾晒，彻底风干。所谓"干净"，包含两个概念："干"和"净"。其中"干"很重要，在干燥的环境下，细菌、病毒的繁殖速度比在潮湿的环境下要慢得多。

最常用、最安全的消毒方法是水的冲洗、阳光的暴晒、流动的空气。辅助方法是高温、紫外线、化学药物法和微波法。玩具可由多种材质组成，如塑料、橡胶、布、金属以及木材等。对于不同材质的玩具，应采取不同的消毒方法。

塑料玩具

首先用水清洗。水是中性物质，70%～80%的细菌都可以用水冲洗掉。对有孔的如橡胶玩具，用浸泡法消毒有个很麻烦的问题，就是每次洗过或是宝宝在水里玩过之后，玩具里面都会有水进去，很难弄干。解决方法是，把玩具底部的口哨挖出来，把水挤干后再装上。清洗完毕放在阴凉处晾干。

绒毛玩具

清洗前，将玩具身上的缝线拆开一点，把填充物取出来，放到太阳下暴晒。玩具干了后再把填充物塞进去缝好。这样做虽然麻烦点，但可以防止填充物霉变，且用这样的方法清洗，还能及时把那些"黑心棉"的毛绒玩具清理出去。

铁皮玩具

先用肥皂水擦洗。清水冲干净后再放在阳光下晒干。

木制玩具

用3%来苏溶液或5%漂白粉溶液擦洗。用清水冲干净后晾干或晒干。

玩具要定期进行清洗，时间可以根据宝宝接触玩具时间的长短来定，最少1个月清洗一次。同时还要教育宝宝不要啃咬玩具，玩好后要收好玩具不要乱扔，要洗过手才能吃东西等，这样才能有效地保护宝宝。

55 家用净水器需不需要消毒

不少人在购买净水器的时候，并不知道净水器的滤芯是需要更换的，也有一些商家没有提前说明白需要更换滤芯，事实上净水器不是一劳永逸的产品。无论是哪一种净水器产品其核心都是滤芯，如果没有及时更换很有可能就会变成二次污染的源头，净水器在使用一段时间之后是需要清洗和消毒的。

净水器可采取以下方式清洗消毒

1 臭氧杀菌法

臭氧杀菌法是利用臭氧的杀菌作用来达到清洗净水器的目的，在清洗时，排空机内剩水后，将消毒机的接口和净水器的入水口对接上，将臭氧注入净水器内胆，经过大约20分钟后的熏蒸，装上水桶后放出少量的水。由于臭氧在常温下的半衰期为20~50分钟，几个小时内可以全部分解，氧化生成为无害的氧气、水和二氧化碳，在经过臭氧杀菌清洗后，一两个小时就可以喝到放心的水了。但要注意的是，这种清洗方法不能清除掉净水机水垢等杂质。

2 加压过滤法

在清洗时，将清洗机的一端接到净水器的入水口，另一端接入净水器下部的排水口，形成一个闭环循环，同时采用专用消毒清洗剂。该方法利用清洗机械自身的循环压力，可以充分达到清洗的目的，然后通过机械压力可以将水垢和杂质完全排出。

3 药片、消毒剂清洗法

清洗家用净水器内胆所采用的比较普遍的方法是用去污泡腾片或专用消毒剂。据了解，去污泡腾片这种含氯的药片经水分解后，可以有效杀灭大肠埃希菌、金黄色葡萄球菌、白色念珠菌等病菌。

56 空气净化器需要清洗消毒吗

空气净化器运用空气净化技术可以吸附或者分解空气中的污染物例如甲醛、粉尘、细菌等来提高空气质量，可用于家庭、办公室、医院或者酒店等众多室内场所。不过由于长期使用，空气净化器内部的过滤网、风机等部件上可能会存在大量的积尘细菌，为了不影响正常使用，最好及时进行清洗。空气净化器的清洗步骤如下：

准备清洗工具并断开电源。 在准备清洗空气净化器之前要提前准备好相关的清洁用具，例如手套、抹布、清洁剂以及吸尘器等。清洁用具准备好之后就要断开电源。

清洗外部机身。 前提是先确定空气净化器已经处于断电状态。清洗机身时可使用软布擦洗，如果机身表面积落了大量的灰尘或者难以清洁的污染物，可使用湿抹布或者中性清洁剂进行擦拭。湿布擦洗之后最好再用干布擦拭一遍，以免滞留的水渍吸附灰尘或者形成水迹。

第三步

　　拆卸部件。对于空气净化器内部的清洗工作，首先便要将面板、过滤器一一拆卸下来，以便于清洗部件以及内部空间。拆卸部件时要注意先后顺序，按说明书操作步骤进行。

第四步

　　清洗除臭滤网。由于除臭催化器和除臭滤网一般不能水洗，所以需要单独清洁。可先用抹布将除臭催化器和滤网边缘部分的积尘擦拭干净，然后使用吸尘器清洁除臭催化器的主体部分，直到将所有的积尘全部清洁干净为止。由于技术原因，现在有些品牌的空气净化器的除臭滤网已经可以水洗了，通过水洗可以确保除臭滤网的净化效率。

第五步

　　清洗机身内部。空气净化器的传感器入口、风机、风叶等内部构件也要一一进行清洁，传感器入口可用家用吸尘器进行清洁，然后用抹布仔细清洁内部空间，风叶上的灰尘可使用长毛刷慢慢刷除。

第六步

　　清洗内部配件。对于拆卸下来的各种过滤网以及其他配件，可直接水洗。将这些配件全部放入清水中，浸泡大约1小时之后再用抹布进行擦洗，便可将黏附的灰尘清除，最后再用水冲洗一遍，就可以将配件完全清洗干净了。滤网等配件全部清洗干净之后要用干抹布将表面的水渍擦拭干净，然后放在室内风干。此时需注意，有些空气净化器的过滤网采用的是活性炭过滤，清洁时可直接将其放到阳光下暴晒，暴晒时间最好超过24小时，就可以恢复活性炭自身的活性，延长滤网的使用寿命。

57 如何对家用空调清洗消毒

家用空调的消毒主要分5步

1 切断空调电源。

2 选择消毒液。建议大家使用季铵盐消毒液，效果相当好，当然其他消毒液也是很不错的。

3 找到消毒部位。一般消毒部位分四个部位：空调壳体表面、过滤网、换热器、出风口。

空调在使用一段时间后，过滤网、蒸发器和送风系统上会积聚大量灰尘、污垢，产生大量的细菌、病毒。这些有害物质随着空气在室内循环，污染空气，传播疾病，严重危害人体健康。而污垢也会降低空调的制冷效率，增加能耗，缩短空调使用寿命。因此，空调在使用一段时间后或换季停机时必须清洗，这样才能保证您有一个优质、舒适、安全的空气环境。

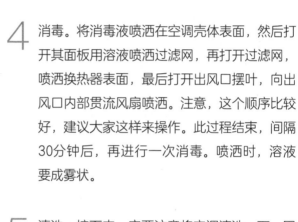

4 消毒。将消毒液喷洒在空调壳体表面，然后打开其面板用溶液喷洒过滤网，再打开过滤网，喷洒换热器表面，最后打开出风口摆叶，向出风口内部贯流风扇喷洒。注意，这个顺序比较好，建议大家这样来操作。此过程结束，间隔30分钟后，再进行一次消毒。喷洒时，溶液要成雾状。

5 清洗。接下来一定要注意将空调清洗一下，因为消毒液残留在上面被吹出来对人身体有害。抽下空调过滤网，用加入一些洗涤剂的自来水进行清洗，并检查室内机组里净化块、滤尘块等空气处理装置的情况，同时对这些空气处理装置进行擦洗与消毒。最后，用软布沾有一定的清洗剂擦洗空调的外壳、进风格栅、空调内部的塑料件和换热器等。

58 汽车内部怎样消毒

汽车车舱是一个相对封闭空间，车门的开关，人员的进出，抽烟，喝酒，或者食物都会导致车内螨虫、细菌的滋生，还会产生异味影响车内人员的舒适性。汽车内饰中的地毯、座椅、空调风口、行李箱等处，经常接触潮湿的空气或水渍，在特定的环境中，这些地方最易令细菌滋生，产生霉变。在车内进食的习惯很容易使得这些细菌顺利从口腔进入人体，可能导致人体食物中毒，出现腹泻、呕吐、头昏的症状。所以，汽车除了要经常性地清理车内杂物外，定期消毒杀菌才能保证乘客的身体健康。

 ## 汽车内部有如下几种消毒方法

1 化学消毒

利用消毒剂对汽车部件进行喷洒和擦拭，达到祛除病菌的目的，这种杀菌方法操作简单易行，病菌杀灭比较彻底。目前市场上常见的化学消毒液主要有过氧乙酸和84消毒液。但是消毒后车舱内会留有气味，需要开窗通风一段时间。同时对汽车部件也有一定程度的损害。

2 臭氧消毒

臭氧是一种高效广谱快速的杀菌剂，可以杀灭多种病菌和微生物，当其达到规定浓度后，消毒杀菌可以迅速完成。臭氧还可以通过氧化反应除去车内有毒气体。利用臭氧消毒杀菌不会残存任何有害物质，臭氧杀菌消毒后很快就分解成氧气，因而不会对汽车造成二次污染。但如果长时间使用臭氧消毒会使车内橡胶老化。

3 离子消毒

主要是通过购买车载氧吧释放离子达到车内空气清新的目的，它只是一种清新和净化空气的方式，优点是使用简单，缺点是空气净化过程缓慢，杀菌不彻底。

4 光触媒消毒

二氧化钛是一种光催化剂，它见光后可以产生具有氧化分解能力的氢氧自由基，与空气中的氧结合成活性氧。消毒效果持久，一般进行一次可以保持功效2年左右，费用较低。但二氧化钛只有在紫外线的照射下才能产生作用，而紫外线对人体有一定的伤害。有些车贴的太阳膜会阻隔紫外线，因此会影响光触媒消毒的效果。

59 消毒液、洗衣粉能一起使用吗

　　市场上出售的消毒液多数是针对有病原微生物污染的情况，除非在特殊条件下，比如家里有人患红眼病、腹泻、灰指甲、头皮癣等或是妇女经期、产褥期以及婴儿期，否则，完全没有必要使用消毒液洗衣服。因为人本身具有一定的抵抗力，少量的非致病性微生物不会构成对健康的威胁，洗后的衣物晾晒在充足的阳光照射后，残留在衣物上的细菌达到一定的时间后会自行灭亡。

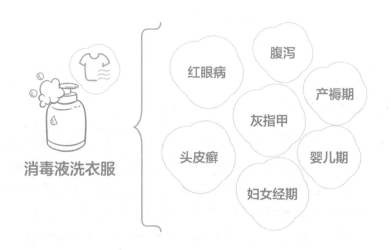

消毒液洗衣服

红眼病

腹泻

产褥期

灰指甲

婴儿期

头皮癣

妇女经期

　　如果使用消毒液，必须严格按照说明书来操作。很多人容易忽视这一点，总是和放洗衣粉一样，随便往洗衣机里搁一两勺。如果是为了消毒，这样做其实毫无意义，反而会因为你不断地进行小剂量的刺激，导致细菌的抵抗力越来越强。所以，消毒液要么不用，要用就要保证使用量和作用时间。

严格遵守使用的剂量和时间，也不一定能够达到你预期的效果。

有些人图省事，习惯将洗衣粉和消毒液混在一起使用。洗衣粉的成分不一样，有阴离子、阳离子或是非离子的，消毒液也是如此。消费者在选择这些洗涤产品时，不可能弄清楚其成分，在使用时不同种类放在一起，很容易生成中和性的反应，各自的功效都会减弱。

清洁和消毒的步骤应该分开进行，至于谁先谁后，可依个人习惯，除非是有针对性地对传染病患者的衣物消毒，应先消毒后清洁。在使用消毒液时，一定要浸泡才能起效，有些号称是喷雾型的消毒产品，对衣物表面简单喷一下，没有浸泡，实际上没有多少消毒效果。

第三章

杀（驱）虫剂
与健康

60 关于家用杀（驱）虫剂，你了解多少

蚊子、苍蝇及蟑螂等，是家庭里经常出现的有害生物，骚扰人们日常的生活。如今，杀虫剂成为了好多家庭不可或缺的除虫"小能手"，但和普通日用品不同的是，杀虫剂这种除虫武器有一定的毒性，如不注意很容易误伤己方，危及家人和孩子的健康。杀虫剂使用历史长、用量大、种类也多种多样。常见的卫生杀虫剂包括有机氯类、有机磷类、氨基甲酸酯类、拟除虫菊酯类、生物类及昆虫生长调节剂等。

目前市场上常用的家用杀虫剂大多是拟除虫菊酯类，其杀虫活性高，杀虫谱广，更重要的是对人畜的毒性较低，但仍对人体具有一定的毒性，如果长期接触也会造成神经系统毒性，引起头晕、头痛等症状，所以在允许的条件下，尽量少使用杀虫剂，用传统的方法，如用蚊帐隔离蚊虫、电蚊拍消灭蚊虫等都是很好的选择。正确使用家用杀虫剂是保证杀虫效果，避免健康危害的前提。

日常家用杀虫气雾剂要放置在阴凉处，避免儿童接触，虽然目前世界各国一致公认丙烯菊酯、溴氰菊酯等拟除虫菊酯类杀虫剂是安全的，但如果长时间在密闭环境中使用，还是会对身体有一定影响，所以，使用时一定要注意室内通风。

61 为什么要消灭蚊子

　　蚊子种类繁多，全球迄今已记录的蚊子共有3350多种。千万不要小看蚊子，几乎每个人都有被蚊子叮"咬"的不愉快经历，更准确地说应该是被蚊子"刺"到，这些短针吸人血液的功用就像抽血用的针一样；蚊子还会放出含有抗凝血剂的唾液来防止血液凝结，这样它就能够安稳地饱餐一顿。当蚊子吃饱喝足、飘然离去时，留下的就是一个痒痒的肿包，有的人被蚊子咬后的过敏反应比较严重。除了痒痒的肿包，还会在人体内留下足以致病或者是致命的寄生虫或病毒，与疾病传播最为密切的蚊子主要是按蚊（Anopheles，疟原虫的传播媒介）、库蚊（Culex，流行性乙型脑炎的传播媒介）和伊蚊（Aedes，黄热病病毒、登革热病毒和寨卡病毒等多种病原体的传播媒介）三个属。世界卫生组织（WHO）数据显示，全世界有128个国家约39亿人受登革热病毒的威胁。

又被蚊子叮了，好痒啊！

62 灭蚊剂对人体健康有害吗

驱蚊最传统也是使用最普遍的方法自然是蚊帐、纱窗、蚊香（包括电蚊香）、花露水、驱蚊片和灭蚊剂。这些都可以达到有效地灭蚊。蚊帐和纱窗的主要作用是阻隔蚊子，让蚊子无法近身。蚊香、花露水和驱蚊片的主要功效是干扰蚊子的定位，让蚊子找不到你，附带比较微小的灭蚊效果。灭蚊剂则比较简单粗暴，门窗关死，杀虫剂一喷，10分钟过后房间内再无活着的虫类。不过蚊香、驱蚊片和灭蚊剂都对人体有一定的伤害，使用时尽量注意。

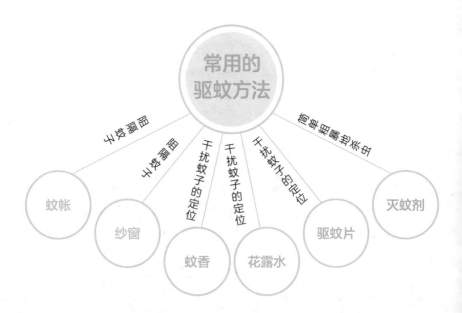

　　家庭普遍使用的灭蚊剂主要有气雾灭蚊剂、电热蚊香片、蚊香等灭蚊产品，都是以拟除虫菊酯类杀虫剂（如溴氰菊酯、氯氰菊酯等）作为主要灭蚊成分的。

长期接触这些产品，即使是少量，也会引起神经麻痹、头晕、头痛等症状。

而长期、过量吸入这些物质会损伤肝脏、肾脏、神经系统、造血系统。

此外，一些劣质蚊香中还掺有敌敌畏等有机磷农药，其燃烧时的烟雾被婴幼儿吸入后易致中毒，影响儿童大脑的正常发育。

特别是儿童，身体正处于生长发育时期，承受力相对较差，对有害物质的抵抗能力很弱，吸入与成人等量的有机溶剂后，儿童的毒性反应会更明显，不良后果也会更严重。

同时还要注意正确使用气雾型杀虫剂，不要敲击、挤压罐体，不要将罐体颠倒，不要对着火源或高温灼热物体喷射，以防止出现泄漏，引起爆炸伤人。存放时不要放在取暖器、火炉或电视机等发热物体附近，更不能加热或放在日光下暴晒。

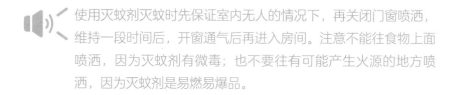

使用灭蚊剂灭蚊时先保证室内无人的情况下，再关闭门窗喷洒，维持一段时间后，开窗通气后再进入房间。注意不能往食物上面喷洒，因为灭蚊剂有微毒；也不要往有可能产生火源的地方喷洒，因为灭蚊剂是易燃易爆品。

63 灭蝇药对人体健康有害吗

　　苍蝇孳生和飞落于垃圾堆、厕所、腐烂的动物尸体以及脓血、痰液和呕吐物之间，并从中觅食。其体表及腹中携带着数以万计的细菌、病毒以及寄生虫卵。苍蝇有边吃、边吐、边排的习性，它飞落到哪里，哪里的食物、食具就会受到细菌、病毒、虫卵的污染，当人们吃了被污染的食物或使用被污染的食具时，就可发生肠道传染病或寄生虫病。因此灭蝇非常必要。

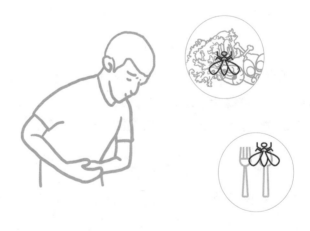

目前，市面上常用的灭蝇药主要成分为除虫菊酯类杀虫剂（如溴氰菊酯、氯氰菊酯等）。

长期接触这些产品，即使是少量，也会引起神经麻痹、头晕、头痛等症状。

而长期、过量吸入这些物质会损伤肝脏、肾脏、神经系统、造血系统。

特别是儿童，身体正处于生长发育时期，承受力相对较差，对有害物质的抵抗能力很弱，吸入与成人等量的有机溶剂后，儿童的毒性反应会更明显，不良后果也会更严重。

同时还要注意正确使用气雾型杀虫剂，不要敲击、挤压罐体，不要将罐体颠倒，不要对着火源或高温灼热物体喷射，以防止出现泄漏，引起爆炸伤人。

 注意 杀虫剂存放时不要放在取暖器、火炉或电视机等发热物体附近，更不能加热或放在日光下暴晒。

64 为什么要消灭蟑螂

① 蟑螂可人工感染导致霍乱、肺炎、白喉、鼻疽、炭疽以及结核等病的**细菌**。

② 蟑螂可携带蛔虫、十二指肠钩口线虫、牛肉绦虫、蛲虫、鞭虫等多种的**蠕虫卵**。

③ 它们还可以作为念珠棘虫、短膜壳绦虫、瘤筒等多种线虫的**中间寄主**。

④ 蟑螂也可以携带多种**原虫**，其中有4种对人或动物有致病性，如痢疾阿米巴、肠贾第虫等。

⑤ 蟑螂能携带、保持并排出**病毒**，包括柯萨奇病毒、脊髓灰质炎病毒等。

⑥ 蟑螂也可携带大量**真菌**。包括黄曲霉病菌。虽然蟑螂携带多种**病原体**，但一般认为病原体在它们体内不能繁殖，属于机械性传播媒介。

此外蟑螂体液和粪便引起过敏的事例也有报道。

再者，工厂产品、店中商品以及家中食物等都可因蟑螂咬食和污损造成经济损失。偶尔也有因蟑螂侵害而导致通讯设备、电脑等故障，造成事故，因此被人称为"电脑害虫"。

由于它们的侵害面广、食性杂，既可在垃圾、厕所、盥洗室等场所活动，又可在食物上取食，因而它们引起肠道疾病和寄生虫卵的传播不容忽视。

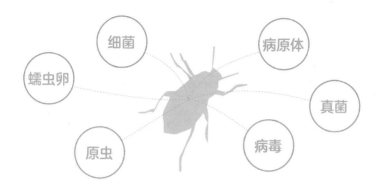

蟑螂还是"打不死的小强"

● 首先，它无处不在，不论是酷热的赤道，还是寒冷的极地；不论是人迹罕至的丛林还是熙熙攘攘的街区；从南到北，从东到西都可见到它们的身影。

● 其次，它有强悍的繁殖能力，雄性蟑螂一生可交配多次，而雌性蟑螂只需要一次交配即可实现终生产卵。而且与母鸡下蛋相似的是，未受精的雌蟑螂也能产出卵鞘，只是不能孵化出后代。

● 再次，它有令人咋舌的生存能力，从食谱上来看，蟑螂是一种十足的杂食性昆虫，这里所说的"杂"可远远超过了狗熊之类的杂食动物。在我们的观念中能吃的、不能吃的东西，在蟑螂眼里几乎没有不能入口的。除了水果、粮食之类的常规食品，纸张、胶水、头发，甚至人的痰液都可以成为蟑螂的美餐。这种见到什么就吃什么，而且确实能消化的诡异能力，让蟑螂这辈子近乎不可能体验到挨饿的滋味。它们完全可以靠着极其有限且简陋的资源生存下去，甚至在研究试验中断食一个月也照样存活下来。

65 如何消灭蟑螂靠谱

环境防治

要消灭蟑螂，必须首先要保证环境卫生，及时打扫，包括卫生间和下水道，垃圾要及时清理。加装纱门、纱窗或是在排水孔上添加细目网；晚上应将家里对外的排水孔等盖起，避免蟑螂进入。

物理防治

蟑螂的物理防治方法简单、经济，适用于蟑螂密度低的场合。常用的方法有粘捕、捕打和烫杀等。

化学防治

化学杀虫剂具有使用方便、见效快，以及可以大量生产等优点，但是化学制剂的使用不可避免会对环境和周边人群造成一定影响，残活下来的蟑螂会产生"一代更比一代强"的抗药性，这就把人类拖入了一个恶性循环的怪圈。

生物防治

蟑螂的天敌是蜘蛛、蝎子、蜈蚣、蚂蚁、蟾蜍、蜥蜴、壁虎等。有一种鸟，俗名Cucarachero（学名 *Troglodytes audax*），也会捕食蟑螂。另外，猫、猴子及老鼠也会捕食蟑螂，是蟑螂的天敌。生物防治是消灭蟑螂的最有效的办法。

66 如何正确使用灭蟑药

在蟑螂大量孳生和栖息的场所（如厨房、医院病房和库房），使用拟除虫菊酯类杀虫剂进行滞留喷洒，重点喷洒墙缝、孔洞、管道周围和家具下面。在蟑螂密度不高的场所，将蟑螂毒饵撒在其经常活动的地方，或将毒饵盒放在厨房和餐厅，每15m²左右放毒饵4~6堆，每堆1~2g，每个房间放毒饵盒至少3个。在有蟑螂活动的室内墙边、家具缝隙和抽屉内，用蟑螂药笔涂抹约3cm宽的药带。

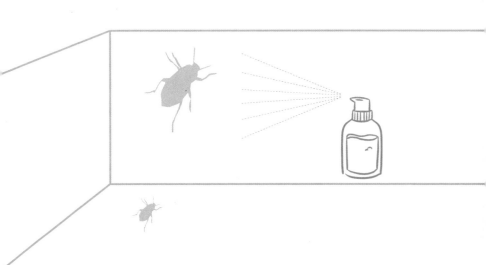

67 生活中常用灭鼠方法有哪些

灭鼠的方法有很多，其主要方法有：**物理灭鼠、化学灭鼠、生物防治和生态控制**灭鼠4种。

物理灭鼠→物理灭鼠主要是利用物理学的原理（力学平衡原理和杠杆作用）制成捕鼠器械灭鼠。现有的器械约有百余种，包括压、卡、关、夹、翻、灌、挖、粘和枪击等。主要有夹类、笼类、套扣类、压板类、刺杀类，以及水淹法、扣捕法、电子捕鼠器法等。

化学灭鼠→化学灭鼠是指使用有毒化合物杀灭鼠类的方法，又称药物灭鼠法或毒饵灭鼠法，是目前国内外灭鼠最为广泛应用的方法。化学灭鼠包括胃毒剂、熏杀剂、驱避剂和绝育剂等。

生物防治→生物防治是指利用鼠类的天敌捕食鼠类或利用有致病力的病原微生物消灭鼠类以及利用外激素控制鼠类数量上升的方法。主要包括三方面：一是利用天敌灭鼠；二是利用对人、畜无毒而对鼠有致病力的病原微生物灭鼠；三是采用引入不同遗传基因或用物理、化学的诱变因素改变鼠类种群基因库，使之因不适应环境或丧失种群调节作用而达到防治目的。

生态控制→生态控制又称生态学灭鼠法，主要包括环境改造，断绝鼠粮，防鼠建筑，消除鼠类隐蔽场所等。

68 常用化学灭鼠剂对人体健康有害吗

化学灭鼠使用的化学药物品种主要有**急性杀鼠剂**和**抗凝血慢性杀鼠剂**两大类。

急性杀鼠剂

急性灭鼠剂主要影响中枢神经，属于神经毒，头疼、头晕、恶心、呕吐及阵发性抽搐，抽搐发作时均表现为意识丧失，双眼上翻，口吐白沫，口唇发绀及四肢强直性抽搐。

抗凝血慢性杀鼠剂

不同途径接触到抗凝血慢性杀鼠剂，临床上表现为获得性凝血功能障碍，表现为不同程度血尿、血痰、口腔黏膜出血、鼻出血和阴道出血、消化道出血、注射部位渗血等症状。

69 为什么要除螨虫

大家口中所说的螨虫多为尘螨。有研究表明，尘螨主要以人的汗液、分泌物、脱落的皮屑为食，繁殖速度极快。它们主要分布在地毯、沙发、毛绒玩具、被褥、坐垫、床垫和枕芯等处。

螨虫虽小，危害可是不少

据报道，当人们接触了被螨虫污染的物品后，可能会引起皮炎。这些螨类几乎可寄生或叮咬人体各个部位，尤其是小孩，多发部位为人体皮肤嫩薄及褶皱处。螨虫的各部分，包括其分泌物、排泄物以及已蜕下的皮都是过敏原，这些物质随着铺床、叠被、扫地飞扬于空中。人们吸入后可能会出现不适反应，影响生活与工作。

螨虫除了直接致病外，还能传染羌虫病、流行性出血热、鼠性斑疹、伤寒、弓形虫病、立克次体病和狂犬病等各种疾病。螨虫还可通过日常饮食或呼吸，进入人体的消化道或呼吸系统，引起肠螨病和肺螨病。

70 如何除螨虫靠谱

　　除螨最重要的两点是高温和通风。55℃以上的环境就能10分钟杀死螨虫；在超过60℃的环境中，螨虫两三分钟就会死亡。因此，用**热水烫洗**、**阳光暴晒**、**熨斗熨烫**等方法都可以除螨。

预防螨虫侵扰的方法

① 使用空调时，定时开窗流通空气，保持空气干燥、通风。

② 及时、定时清理居住环境中多灰尘的死角，比如：空调过滤网、床垫、地毯、养花及养鱼的场所。起居室内少用地毯。

③ 勤晒被褥。

④ 尽量少去草丛，不与得了螨虫的狗等动物在一起玩耍。

⑤ 适量补充维生素B，可以大大提高皮肤抵抗力。

⑥ 千万不要给狗吃海鲜、奶酪这类食物，会激发螨虫。

⑦ 保持家里地垫清洁干爽。

妆妆姐，你快来呀，你看这个装修好豪华啊！

咳咳……咳……

甲醛

这甲醛味也太大了吧！

第四章 涂料与健康

71 涂料，你了解吗

涂料是一种液体状态或粉末状态的有机材料，在建筑工程中是不可缺少的重要材料。

20世纪
60年代初

20世纪
70年代中期

从油漆开始，涂料在我国的应用已有几千年历史。我国建筑涂料的研制和应用始于20世纪60年代初，首先以化学工业副产品及廉价的化工原料为基料，配制溶液型建筑材料，但因为它的不稳定性及大量的有机气体的挥发，污染环境，被兴起的水性涂料代替。随着维尼纶工业的发展，聚乙烯醇系列涂料成为产量大、应用广泛的建筑材料。

20世纪70年代中期，随着我国石油化学工业的发展，我国先后研制出醋酸乙烯-丙烯酸酯等涂料，这些水乳涂料无毒、耐碱、耐水、耐老化、耐洗刷，但价格较贵、原材料资源不足。

　　在建筑学上，通常把涂饰于物体表面，能够很好地黏结并形成坚韧完整保护膜的物料，用于建筑物，起装饰和保护等作用，称之为建筑涂料。建筑涂料与面砖、幕墙等其他建筑饰面材料相比，具有：

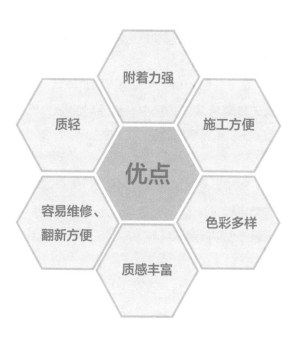

　　建筑涂料可分为基料即主要成膜物质、颜料、次要成膜物质、溶剂。溶剂的作用是使涂料具有一定黏度，以符合施工工艺的要求。当涂料涂刷在基层以后，依靠溶剂的蒸发，涂膜逐渐干燥硬化，形成均匀连续性的涂膜。这里的溶剂即称为辅成膜物质。

72 品种繁多的涂料是如何分类的

涂料的种类可谓是繁多。我国建筑涂料习惯上用三种方法进行分类：

1 　　**按照涂料采用的基料分为**有机涂料、无机涂料和有机无机复合涂料，其中有机涂料又分为乳液型、溶剂型，无机涂料多指的是水溶性的。

2 　　**从涂料成膜后的厚度和质地上分为**平面涂料（涂层表面平整光滑）、彩砂涂料（涂层表面呈砂粒状）、复合涂料（也称浮雕涂料）。

3 　　**从在建筑上使用部位上分为**外墙涂料、内墙涂料、顶棚涂料和地面涂料等。内墙涂料除了聚乙烯醇类低档产品外，主要品种是聚醋酸乙烯、聚醋酸乙烯-丙烯酸酯、聚苯乙烯-丙烯酸和乙烯-醋酸乙烯类乳胶漆；外墙涂料分乳胶漆和油漆两种，乳胶漆中以聚苯乙烯-丙烯酸和聚丙烯酸类品种为主，油漆中以丙烯酸酯类、丙烯酸聚氨酯和有机硅接枝丙烯酸类涂料为主；功能涂料有防火、防水、防潮、防结露、防霉、防虫、防腐蚀、防碳化等品种；另外还有聚酯类为主的家具木器装饰漆。

73 涂料和油漆傻傻分不清

人们一般认为涂料是水性涂料，是低档涂料，而油漆是高档的，其实是一种错误理解，旧时涂料称油漆，因为早期的涂料主要是以油脂和天然树脂为主要原料。随着科学进步，各种合成树脂广泛用作涂料的主要原料，使油漆产品面貌发生根本变化，再用油漆已不恰当，故统称涂料。涂料所包含内容很广，包括传统油漆，也包括以各类合成树脂为主要原料生产的溶剂型涂料和水性涂料。

水性涂料是
低档涂料
✗

油漆是
高档涂料
✗

74 涂料对环境和人的影响有哪些

涂料既给人类带来各种防护保护之便,把世界装扮得绚丽多姿,同时又给我们赖以生存的环境造成污染。涂料的污染主要是来源于其中的挥发性有机物(volatile organic compounds,VOCs)。涂料在生产、施工、固化过程中散发出来的VOCs,首先污染周围环境,造成对作业人员健康的损害,然后进入大气,和汽车尾气一样,在阳光中紫外线作用下产生光化学反应,造成二次污染,可见VOCs对人与环境都产生了较严重的危害。

近年来,所谓的"绿色"涂料主要应用于建筑和家电行业,而木器涂装、金属防腐、汽车面漆等领域仍是以溶剂型涂料为主。粗略估计,这些涂料应用后,每年向大气中排放的VOCs总量就达76万吨之多。从事涂料生产,涂料喷刷作业工人的健康因此受到很大损害。以苯为例,苯或含苯溶剂型涂料在作业环境空气中苯浓度通常为几十至上千mg/m³,长期处于这种环境中,轻者出现头晕、头痛、乏力、记忆力减退、血象改变等,重者造成再生性贫血、白血病等。此外,涂料中汽油、氯代烃等有机溶剂的毒害在职业中毒病例中也占有一定比例。一些密闭容器如船舱、油罐、水塔内油漆作业工人急性中毒,甚至死亡的事故时有发生。职业中毒病例中,机械(喷、刷漆)行业所占比例大,人数仅次于轻工(制鞋)业,充分说明了职业中毒发生与涂料接触密切相关。

危害

- 轻者出现头晕、头痛、乏力、记忆力减退、血象改变等

- 重者造成再生性贫血、白血病等

- 甚至死亡

　　如今，有些品牌已推出了高性能、环保型、抗菌功能型的涂料产品，一些高档油漆涂料更打出了纳米技术、光催技术的招牌，虽然这些新型涂料产品比普通产品的价格要高出20%～60%左右，但由于越来越多的消费者在购买涂料时会更加注重其环保性，又考虑到绿色环保涂料，具有兼顾人体健康和环境保护的特点，所以市场销售不错。

75 涂料中的主要危害物质有哪些

用于室外的涂料产生的有害气体能挥发到大气中，使其含量减小，对人的危害也比较小，但内墙涂料很可能由于通风不畅、空间狭小，使得有害气体含量超标，造成污染。所以主要研究的是内墙涂料。在涂料工业中，所涉及的有毒有害污染物主要可以分为3类，即**有毒有害有机物、重金属、挥发性有机化合物（VOCs）**。其中有毒有害的有机物主要来源于涂料配方中使用的某些有机成分，对人体有毒害或对环境有不利影响。涂料中的重金属来源于配方中的颜填料以及某些助剂，其对人体的危害已经为人们所广泛认识。

① 建筑涂饰中的有机溶剂

溶剂型涂料中的溶剂，涂装施工时改善涂料施工条件所用的稀释剂，基本上是有机溶剂的混合物。室内木器装修大量使用的是溶剂性涂料，木器常用的涂料主要有油脂漆、天然树脂漆、酚醛树脂漆、醇酸树脂漆、硝基漆、过氯乙烯漆、丙烯酸漆、聚氨酯漆、聚酯漆。近年来使用较多的是后两种漆。上述涂料品种中溶剂的质量比，一般都在50%左右。其中的聚酯漆属于高固体涂料，其溶剂的质量比，可以达到90%以上，有利于安全健康；硝基漆的溶剂质量比在70%，属于溶剂型涂料中溶剂消耗较高的品种，不利于安全健康。黏合剂中含有比涂料更多的有机溶剂。有机溶剂是使用溶剂型涂料进行装饰和使用黏合剂黏结装饰材料时的主要危害。溶剂型涂料的溶剂中有大量有机气体放出，对环境的污染比较严重，所以溶剂型涂料的溶剂成为危害最大的物质。近年来在建筑（包括防腐）行业，有机溶剂中毒还出现了上升的势头，值得引起高度重视。

②　涂料中的游离单体

涂料的基本组分是由颜料、成膜物质、溶剂和稀释剂三部分组成。成膜物质有树脂或聚合物，由于可能存在聚合反应不充分，所以会产生游离单体的有害物质。目前游离单体中的有害物质，比较突出的有以下几个问题：①聚氨酯涂料中的甲苯二异氰酸酯（TDI）。游离TDI含量，国外规定0.5%，我国规定2%，实际有的高达3%或4%，极个别的高达5%。②甲醛。如氨基树脂漆中的游离甲醛。③恶臭物。一些建筑涂料也使用了含有恶臭味的丙烯酸乙酯的聚合物。

③　涂料助剂中的高毒害物质

为了改进涂层的性能，涂料中还要加入少量的增塑剂、流平剂、乳化剂、湿润剂、分散剂、防霉剂等助剂。助剂中也有可能存在有害的物质，只是其数量很少而已。水性涂料中也需要加入增塑剂、防霉剂等。在以前开发和使用的一些涂料中，其实它们都存在大量的甲醛问题，尤其是多彩涂料，并且还会有大量的甲苯，这些刺激性和有害的物质当时都没有引起我们的足够认识。如果选用了毒性较高的物质，例如助成膜剂的醇醚有机化合物，防霉剂中的有机汞化合物，都可能造成严重的危害，特别是致癌或潜在的致癌物质，更应引起足够重视。

④　涂料中的重金属

涂料中所使用的颜料基本上是无机颜料，其中含有铅、铬、汞等重金属。用作室内装饰，其装饰后墙壁或物件表面脱落的漆皮或开裂的皱皮，大多具有咸味，由于婴幼儿、儿童有嘴咬东西或舔食物品的习惯，并且喜欢咸味，往往容易被吞服，这样后果难以预料。人体摄入重金属过多，会造成慢性中毒。重金属影响儿童的生长发育，特别会对儿童智力发育造成不良影响，部分重金属还可在脑部及内脏器官中残留，对肝、肾等造成永久性伤害。

76 涂料中的铅对人体健康有哪些危害

环境中的铅来源很广泛,炼铅厂、汽车尾气、燃煤等,另外室内含铅油漆涂料也是引起铅中毒的主要来源之一。涂料中的重金属主要来源于配方中的颜填料以及某些助剂,其对人体的危害已经为人们所广泛认识。随着科学方法和技术手段的提高,有关铅污染和中毒的研究更加细致深入,研究范围更加广泛。同时广大学者还开展了抵制铅危害的研究工作,以及寻找进一步治理铅中毒的新途径。

据报道，全世界每年的铅消费量中就有12%用作建筑材料，因此，人居住环境中的生活性铅污染也会严重危害人体健康。**室内涂料是儿童铅中毒的污染源。**

儿童铅中毒的途径
- 误食或异食行为食入脱落的油漆涂料碎屑
- 手玩玩具，铅污染手指，再通过吸吮手指的动作将铅摄入口中
- ……

由于铅的生物半衰期很长，可以在环境中存留很久，因此一旦我们的生活环境被铅所污染，儿童的铅中毒问题将永远不能被忽视。

解决儿童铅中毒的问题关键在 预 防

作为家长要从科学的角度充分认识到铅对儿童健康的危害，尤其是铅会对儿童智力发育的损害，如果家长发现不及时，将会影响孩子的一生，家长也会抱憾终生。在平时生活中，家长应该对孩子养成良好的生活习惯，不吸吮手指、不异食，减少铅从口入。在对儿童房装修时，要格外注意使用环保型装饰装修材料，降低室内污染程度，既要做到孩子喜欢，也要做到家长放心。

77 涂料中的汞对人体健康有哪些危害

我们应该严格控制涂料中金属汞的含量。人体对汞及其化合物的吸收主要经过消化道、呼吸道和皮肤吸收三种途径。

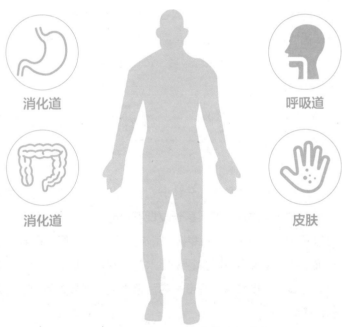

消化道　　　　　　　　　　　呼吸道

消化道　　　　　　　　　　　皮肤

人体吸收汞及其化合物的途径

汞及其化合物污染对人体健康具有严重的影响和危害。危害程度依其在环境中的存在形式、浓度、人的接触方式、持续时间而定。

金属汞可通过血-脑屏障进入脑组织。一般来说，金属汞的中毒损害是可逆的。

无机汞化合物可通过呼吸道侵入体内，也可通过饮水、食物经胃肠道进入机体。无机汞在肾内的浓度最高，其次是肝、脾、甲状腺，进入脑组织则极其困难。

一般来说，有机汞化合物的95%以上被肠道吸收。其中甲基汞的中毒和致病最严重。它可以使肝脏的解毒功能中断，损害肝脏合成蛋白质的功能和其他功能，可引起肾功能衰竭，神经系统损害。此外，**甲基汞对胎儿也产生较大毒性**。

汞中毒的症状是疲乏、多汗、头痛以及易怒，或发展为手指和脚趾失去感觉，视力模糊及肌肉痉挛无力，出现运动失调、听觉损害、语言障碍等。

78 涂料中的苯系物对
人体健康有哪些危害

　　苯是无色、带有特殊气味的液体，有毒，不溶于水，密度比水小，沸点80.1℃，熔点5.5℃，冷却得无色晶体。苯系物是指那些苯环上带有短链脂肪烃取代基的有机化合物，它们和甲醛一样是挥发性有机化合物。生活中常见的苯系物有甲苯、二甲苯、苯、苯乙烯等。各种资料表明，溶剂型涂料对人体健康引起危害的主要为甲苯等芳烃，它们均属于有机物的芳香烃家族。苯、甲苯和二甲苯通常用于涂料、稀释剂中。为了保证从事装修作业者及装修房间使用者的身体健康，倡导生产和使用环保型无苯产品。

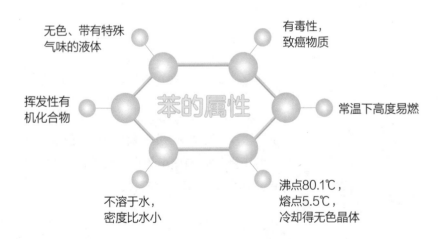

苯，早已经被世界卫生组织确定为强烈致癌物质。

对人体危害的主要表现

抑制人体的造血功能，使红细胞、白细胞、血小板减少。

对神经系统有先兴奋后抑制的作用，人在短时间内吸入较多的甲苯、二甲苯时，可出现中枢神经系统麻醉，轻者头晕、头痛、恶心、胸闷、乏力、意识模糊，严重者可致昏迷甚至呼吸、循环系统衰竭而死亡。

对皮肤黏膜有刺激作用。

女性对苯及其同系物较男性更敏感。甲苯、二甲苯对生殖功能亦有一定影响。育龄妇女长期吸入苯会导致月经过多或紊乱；孕期接触甲苯、二甲苯及苯系混合物时，会出现妊娠呕吐及妊娠贫血等妊娠并发症。国外曾有报道，在整个妊娠期间吸入大量甲苯的妇女，所生的婴儿多有小头畸形，出现胎儿的先天性缺陷。

涂料中的甲醛对人体健康有哪些危害

甲醛是一种刺激性气体。室内甲醛的主要来源是装饰的各类人造板材、油漆和涂料，它主要存在于黏合剂和水性漆中，劣质墙体腻子也是一大主要来源。多数内墙乳胶漆样品不合格的主要项目就是游离甲醛超标。另外，各种纺织品，如床上用品、墙布、化纤地毯、窗帘和布艺家具等，也是甲醛污染源之一。

甲醛对人的皮肤、眼睛及呼吸道具有很强的刺激性。甲醛对人体健康的影响主要表现在嗅觉异常、肺功能异常、肝功能异常、免疫功能异常等方面。

- 当室内空气中甲醛含量达到0.1～2.0mg，50%的正常人能闻到气味。

- 当室内空气中甲醛含量达到2.0～5.0mg，眼睛、气管将受到强烈刺激，出现打喷嚏、咳嗽等症状。

- 当室内空气中甲醛含量达到10mg以上，呼吸困难；达到50mg以上，会引发肺炎等危重疾病，甚至导致死亡。甲醛还对人体生殖系统和胎儿也有危害。

日本某所大学的研究还表明，室内甲醛的释放期一般为3～15年。2005年1月31日，美国健康和公共事业相关部门发布的致癌物质报告中，将甲醛列入一类致癌物质。专家们认为，有证据可以证明甲醛可引起人类的鼻咽癌、鼻腔癌和鼻窦癌，并有证据证明甲醛可引发白血病。

所以，甲醛对人体的毒害作用是长期的，我们应该做好早期预防工作，从装修用好的装饰材料和好的涂料做起。

80 涂料中的挥发性有机化合物对人体健康有哪些危害

涂料中的挥发性有机化合物（VOCs）主要来源于涂料的主要组成物质——树脂成膜物的合成。传统的涂料生产工艺是以有机溶剂为载体，在有机溶剂体系中合成涂料用成膜树脂。一般合成涂料树脂中含有50%左右的有机溶剂，这些有机溶剂绝大部分都是VOCs。

VOCs是一类重要的室内空气污染物，目前已经鉴定出500种，它们各自浓度往往不高。能够检出的主要以烷烃类、芳烃类、醛类为主，并有少量的酯类和醇类。例如甲苯、甲醛、二甲苯、苯等，它们主要源于各种溶剂、黏合剂等化工产品。

VOCs对人体的危害主要是通过呼吸道侵入机体所致。根据接触的涂料种类、理化特性、接触浓度、接触时间和个体差异，将中毒现象主要分为闪电型中毒（高浓度、大剂量），急性中毒（大量、数分钟～数小时），亚急性（较高浓度、1个月以内），慢性中毒（长期低剂量、1个月以上～数年），迟发性中毒（脱离接触几年后）等。中毒表现为多系统、多脏器的损害。详细见下表。

VOCs对人体损害部位及主要表现

损害部位	主要表现
中枢（周围）神经系统	头晕、头痛、意识不清、昏迷、四肢麻木、痉挛、瘫痪等
呼吸道系统	咳嗽、气短、呼吸困难、支气管哮喘、肺炎等
胃肠道系统	恶心、呕吐、腹痛、腹泻、中毒性肝损伤、肝坏死等
心血管系统	血压升高或下降，心动过速或过缓、心律失常、房颤或室颤、心脏猝死等
血液系统	血中铅、砷、汞、锰等含量增加，血液白细胞计数减少，巨幼粒细胞数增加，可能引起再生障碍性贫血、急性粒细胞性白血病等
泌尿系统	尿蛋白含量增加，易引起血尿、急性肾小球肾炎等
皮肤黏膜	接触性刺激性皮炎、过敏性皮炎、变态反应性皮肤损害，眼结膜充血、水肿等
生殖/发育系统	男性患者精子数减少，精子活动度和存活率下降，精子畸形，睾丸和附睾细胞变性、坏死，女性患者月经过多或减少，痛经，性功能下降，对胎儿也有影响，如胎吸收、胎儿畸形、发育迟缓等

　　根据对居室装饰涂料抽样调查分析，约20%的建筑涂料中含有不同程度的致癌物、生殖/发育毒物、致突变物和致敏物质，其中大部分是进口涂料。这不仅会影响直接接触者的生命质量，而且还会影响下一代，甚至下几代出生人口的生命质量。因此，开发新型的环保涂料和对室内涂料的市场进行规范的监督和管理，是涂料生产厂家和卫生部门亟需解决的一个迫切问题。

81 室内污染主要来源于何种装饰材料

居室使用复合木地板、木板材装修后，各种有机化合物从装修材料中向室内空气释放，其释放量随着时间延长呈规律性变化。

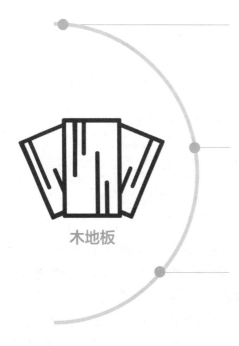

木地板

在冬春季居室通风不良情况下，各种污染物的释放量多于装修后半个月内达到高峰，1个月后降至装修前水平。

有些铺复合木地板、木板材装修的住户，在2周内可出现流泪、头痛、头晕、咳嗽等，2周后则逐渐消失。

居室复合木地板、木板材装修使用的胶也向室内散发污染物，而且其散发速度较复合木地板、木板材要慢。

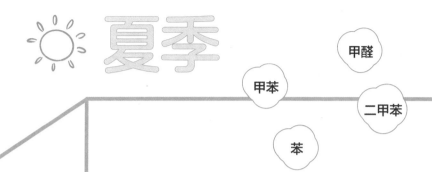

夏季

甲醛

甲苯

二甲苯

苯

内墙涂料已广泛用于家庭。目前使用的内墙涂料主要成分为聚乙烯醇，但加入一定的甲醛为佐剂，这些甲醛在使用中可能挥发污染室内空气。住宅门窗紧闭，居室空气交换率低，而夏季气温高，住宅门窗大开，空气交换率高，使室内高浓度甲醛很快得到稀释、扩散。因此，加强居室通风对减少室内污染至关重要，同时住宅夏季装修可缩短污染物释放持续时间，降低对居民健康危害的程度。

 82 不得不知的绿色涂料

涂料是现代社会中的第二大污染源，绿色涂料的出现无疑是健康的保证。所谓绿色涂料，就是能够保护环境的涂料，具有无毒、无异味的特点，能抑制霉菌的生长。

绿色涂料

① 无毒、无异味
② 能抑制霉菌的生长

　　随着人们生活品位的提升，对过去所忽略的家居环境质量也越来越受到人们的重视。人们从过去居住环境的"房子坐向、宽敞明亮、通风"的要求提升到关注绿色环保涂料。目前，建材市场上的涂料可分为水性涂料与油性涂料两种，**水性涂料是无毒的**。以水性涂料为主，高固体涂料、粉末涂料等为代表的无溶剂或低溶剂的"绿色"涂料，近几年得到了快速增长。

　　由此可见，研究开发我国自己的高性能、低污染的"绿色"涂料，使之能广泛应用于各个领域，限制溶剂型涂料生产使用是消除环境污染，解除职业危害的根本途径。

　　我国政府对保护环境与劳动人民身体健康十分重视，对建筑装饰材料中VOCs造成室内环境污染与人体健康损害等方面开展了研究，尤其是针对降低用量极大的建筑涂料中VOCs进行了专题研讨。我国涂料行业蕴藏着巨大的市场潜力，发展空间很大，制定健康型涂料标准很有必要，它有利于政府主管部门加强涂料的市场监控，有利于提高人们的环境、健康保护意识，合理选用涂料产品，有利于企业确立产业发展方向，开发生产低污染、高性能的涂料。但标准的制定工作综合性强，工作量大、涉及卫生、环保、工业等部门。只要我们多部门协同作战，通力合作，应该能很快推出符合我国国情的系列健康型涂料标准。

83 绿色涂料与传统涂料的区别

- 绿色环保涂料无毒、无害，不污染环境

- 绿色环保涂料一般为水性或水乳性物质，无异味、不燃烧，施工及运输不需特别要求

- 绿色环保涂料具有多功能性，如防霉、防辐射、防紫外线、阻燃等特点

- 绿色环保涂料的各项性能指标更趋合理，如光泽度、渗透性、防潮、透气性、耐热、抗冻性、附着力等都较传统涂料有所提高

 正因为绿色涂料具有诸多优越性，我们应该大量推广绿色涂料。

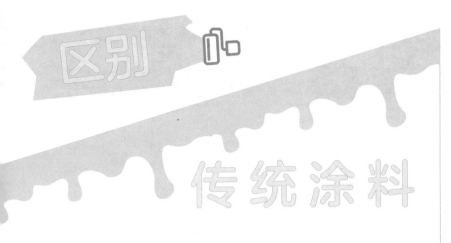

区别

传统涂料

传统涂料，如溶剂型涂料、油性涂料等含有大量危害人体健康的甲醛、苯类等有毒致癌物质

传统涂料，如溶剂型或油性涂料则具有强烈的刺鼻气味，且易燃易爆，施工及运输过程中一旦操作不慎，后果不堪设想

传统涂料的功能比较单一

传统涂料的各项性能指标都较低

1 工作场地要有良好的通风条件，通风条件不好，必须采取措施改善后方能涂刷。

2 配备必要的防护用具，如口罩、防毒口罩、橡皮手套、布手套、工作服、袖套、脚盖等。

3 加强劳动保护教育，使操作人员都能掌握有关防护知识。

4 手上或皮肤上黏有涂料时，尽量不用有害溶剂去洗涤。可用煤油或柴油洗涤，或用肥皂、洗衣粉加木屑擦洗，再用温水洗净。

某些涂料，特别是作为稀释剂使用的各种液体材料，会挥发、刺激、毒害人身的气体，经常吸入这种气体就会破坏人体的生理功能，并引起某些器官发生病变。只要在涂刷过程中注意预防，就能减少或避免其伤害，预防主要措施有以下几点。

5 长时间从事涂刷工作的工人，实行定期体格检查，发现症状及时治疗。

6 改善操作现场环境，少用喷涂，以减少飞沫及气体吸入体内的机会。操作时，站在上风向。盖紧封严涂料容器，避免气体挥发。

7 下班后、吃饭前必须洗手、脸。有条件时，使用有害涂料较长时间者，须沐浴。

8 手或外露皮肤可事先涂抹保护性糊剂。糊剂可自行配制，其配合比是：滑石粉22.1%、淀粉4.1%、植物油或矿物油9.4%、明胶1.9%、甘油1.4%、硼酸1.9%、水59.2%。涂前先将手洗净，然后将糊剂放在手掌上，用手搓成一完全干燥的薄层即可。工作结束后，用水和肥皂洗净。

85 涂料国标可以与"绿色涂料""健康环保"的指标等同吗

　　我国涂料国标自2002年7月1日强制实施以后，几乎所有的涂料企业都说自己生产的是绿色产品，其依据就是国标。其实，"国标"并不同于"绿色"。"国标"也不同于"健康环保"。国家标准只是室内装修材料进入市场的"准入标准"，是最基本的质量要求，达不到这个标准，就没有资格进入市场，而绿色环保产品的要求则更高。根据有关规定，只有中国环境标志产品认证的产品才能被称为"环保产品"，目前全国获得"环保产品""十环"等标志的企业屈指可数。

国标 ≠ 绿色

国标 ≠ 健康环保

86 消费者如何选择 真正的"绿色涂料"

　　使用美丽鲜艳的涂料、油漆来美化家居墙面是绝大部分人的选择。涂料美丽的颜色可以靠色相、明度、纯度这三个特性来体现。值得注意的是，有些涂料厂商为了追求绚丽的色彩，仍在加入大量化学试剂，严重影响家居主人的健康。所以在选择涂料时应该多注意一些。

首先　　购买涂料时要选择正规的销售经营店，选择知名厂家的产品，并且要看涂料是否符合国家强制标准。

其次　　要仔细查看产品的质量合格检测报告，尤其是质检报告上的VOCs含量，它是评判涂料健康与否的重要依据，涂料的国家标准中，VOCs的限量为小于200g/L，"十环"认证则是小于100g/L，真正的环保健康涂料，VOCs含量则是接近"零"。

再次

　　许多具体的方法也能帮助您选购到真正的"绿色涂料"，例如要观察铁桶的接缝处有无锈蚀、渗漏现象，明示标识是否齐全。对于进口涂料，最好选择有中文标识及说明的产品。非环保型的涂料，由于VOCs、甲醛等有害物质超标，大多有刺鼻的异味，使人恶心、头晕等，因此，消费者购买时如果闻到刺激性气味，那么就需要谨慎选择。此外，最好不购买添加了香精的涂料，因为添加剂本身就是一种化工产品，很难确保环保。

最后

　　若可能的话，请销售商打开涂料桶，这样消费者就可以直观地感受到涂料的实际情况：

　　① 优质的多彩涂料其保护胶水溶液层呈无色或微黄色，且较清晰，表面通常是没有漂浮物的。

　　② 看涂料是否出现严重的分层现象，如果涂料出现分层，表明质量较差；用棍轻轻搅动，抬起后，涂料在棍上停留时间较长、覆盖均匀，说明质量较好；用手轻捻，越细腻的越好。

　　③ 将涂料涂刷于水泥地板上，等涂层干后，用湿的抹布来回擦洗，乳胶漆的涂层一般不会被破坏。大家在购买涂料时一定要注意以上要点，切勿一味迷信包装上的"绿色"二字。

87 对绿色涂料的误区有哪些

不少消费者反映说：自己买涂料的时候，常常冲着"绿色"二字去的，不过，现在很多大大小小的涂料品牌，都在打着绿色健康的品牌，普通消费者，面对如此繁多的"绿色"涂料，显得无所适从。"绿色"真的好吗？什么指标才是真正的"绿色"指标？

在市场上大大小小所谓"绿色环保"涂料品牌中，有相当一部分是假"绿色环保"，是滥竽充数。

目前市场上造"绿"的手段可谓花样百出：

① 建材城几乎所有销售人员都宣称自己的产品是百分百绿色产品。

② 很多门店经营一些没有制造优质涂料能力小涂料厂家的产品，这些产品既不"环保"，往往连质量都不过关。

③ 有的厂家利用部分人爱用洋品牌的心理，将国内厂家生产的产品贴上洋品牌，冒充进口产品，甚至贴上国外知名的涂料品牌商标，顿时身价倍增。

这些堪称所谓的"绿色环保"产品岂不坑害消费者！所以请大家擦亮眼睛，认准正规商家、正规品牌，谨慎购买。

88 家长为儿童房装修 选择材料时应注意什么

目前，家长们装修儿童房已经在材料选择上有所注意，但实际上并不是装修全部使用了环保材料的儿童房就一定可以达到环保要求的。这是为什么呢？

有专家指出，儿童房是否达到环保要求
还与合理选择装修设计方案有关。

由于儿童房一般比较小，如果使用的材料过多，就会造成材料释放有害物质的增多。

所以，在确定家庭装修设计方案时，要注意空间承载量、室内新风量，在儿童房装修时尽量使用简单的装饰材料。

此外，家具会产生有毒有害气体，如甲醛、氨气、苯和铅等；地毯、床毯、毛绒玩具会造成尘螨污染；木制玩具上的油漆存在铅污染；塑料玩具有过量的挥发性物质。

因此，儿童房装饰装修时还应重点关注以下三类装饰材料：

一是尽量少用石材瓷砖类材料。这类材料要注意它们的放射性污染，特别是一些花岗岩等天然石材，放射性物质含量比较高，应该严格控制，最好不用。

二是选择水性木器漆涂料。特别是儿童房里面的家具漆，是造成室内空气中苯污染的主要来源，选择水性材料可以从根本上解决苯污染问题。

三是严格控制人造板类材料。比如儿童房里面的各种复合地板、大芯板、贴面板以及密度板等。这是造成室内甲醛污染的主要来源，一方面要控制使用量，另外要在装修时进行消除甲醛的处理。

89 儿童房间的涂料装饰如何选择

首先 考虑的问题是健康问题。儿童房间所使用的建材，包括地板、天花板、墙壁、家具都应是完全无毒、无害的环保材料，以保证孩子健康成长。

其次 需考虑孩子的性格与喜好。一般来说，婴儿期的孩子对色彩中的原色如红、黄、蓝等极为敏感，那种单纯明亮的颜色能培养孩子的想象力。儿童期的孩子对色彩的喜好已有了性别的差异，通常女孩子的房间以明亮、柔和的粉色调为主，男孩子房间则多用素淡、冷静的蓝色调。

再次 儿童房的涂料一定要选择耐擦洗的。因为孩子在成长到一定阶段时，就会喜欢随处涂抹。传统的中国式教育方式往往是大人将自己的喜好强加给孩子，不许孩子做超出大人想象的事，比如不许孩子在墙壁上涂画，以致中国儿童与美国儿童在想象力上存在很大差异。千万不要抹杀孩子的天性，让你的孩子尽情地在自己的天地里涂画。所以你应该选择耐擦拭、性能优异的涂料。

90 儿童房间装修选择了环保材料，是不是就等于进行了绿色装修呢

要知道，装饰装修材料的加工、施工、使用量，甚至温度、湿度都会影响有害物质的释放。

绿色装修要从四个环节把关：

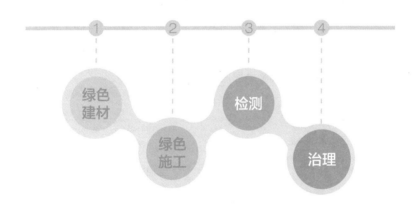

儿童房的装修中尽量使用天然材料，如木制材料，但是，尽量避免使用天然石材，因为天然石材中具有放射性危害。此外，选择有害物质含量少、释放量少的材料比较好，即使用符合国家《室内装饰装修材料有害物质限量》十项标准的装饰装修材料。超过此标准的材料坚决不用，特别是一些油漆、人造板、材料、胶类产品坚决要检测把关。

　　装饰装修材料经过施工和加工过程，已经在形态上发生了完全的变化，而装饰装修材料中有害物质的释放量必然也会产生变化，真正影响有害物质释放量的是材料的加工和复合过程。室内环境监测中心近几年检测发现，由于施工工艺不合理造成的儿童房室内环境污染问题也比较突出，目前问题比较大的工艺问题主要有两方面：

　　　　地板铺装方面的问题。一些家庭和幼儿园担心复合地板太薄，孩子在上面玩耍比较凉，就用大芯板在复合地板下面铺装衬板。采用这个工艺造成室内环境污染的情况十分普遍，原因主要是在地板下面铺装大芯板和其他人造板都含有甲醛，无法进行封闭处理和通风处理，而且使用面积比较大，造成了不易清除的室内甲醛污染。

　　　　墙面涂饰方面的问题。按照国家规范要求，进行墙面涂饰工程时，要进行基层处理，一些施工人员采用涂刷清漆进行基层处理的工艺，又在涂刷时加入了大量的稀释剂，无意中造成了室内严重的苯污染，而且会很长时间在室内挥发，不易清除。

　　因而，要选择加工工序少的装修材料。这对于儿童房间装修来说，只是选择了环保材料，但并不是绿色装修。

91 儿童房环境指标有哪些

儿童房环境质量没有独立的相关规定，但应至少满足或优于我国标准 GB/T 18883—2002《室内空气质量标准》。其中部分常见物理、化学及生物学指标如下：

- 适宜温度冬季控制在16~24℃，夏季控制在22~28℃
- 适宜相对湿度夏季空调房间可控制在40%~80%之间，冬季采暖时可控制在30%~60%之间
- 细菌应小于2500CFU/m^3
- 二氧化碳应小于0.1%
- 一氧化碳应小于10mg/m^3
- 氨应小于10mg/m^3

另外，根据我国标准GB 50325—2010《民用建筑工程室内环境污染控制规范》对住宅、幼儿园、学校等儿童经常出入的Ⅰ类民用建筑提出了常见环境污染物验收的限量要求：

- 室内环境污染物甲醛浓度应小于0.08mg/m^3
- 室内环境污染物苯浓度应小于0.09mg/m^3
- 室内总挥发性有机物浓度应小于0.5mg/m^3
- 室内放射性指标氡应小于200Bq/m^3

92 儿童房室内空气污染如何预防

预防一

儿童房装修前，家长应该找有关室内空气检测部门做"预评价"，让环保专家讲解一下设计方案所使用的材料和工艺是否能对儿童房的小气候有什么影响。

预防二

儿童房装修时要保证科学、环保、无污染。特别是要注意不打地台、不铺地毯、不做吊顶、少用有颜色的油漆和涂料。

预防三

儿童房的家具选择要按照国家标准进行选择；要注意家具体积不要超过房间的50%；人造板家具注意严格封边和全部用双面板；儿童的衣物放在新家具里面时要进行封闭包装。

预防四

注意儿童房的通风。据室内环境专家测试，室内空气置换的频率，直接影响室内空气有害物质的含量。越频繁地进行室内换气或使用空气过滤器、置换器等，空气中有害物质的含量就会越少，甚至不存在。所以在儿童房装修时，应该安装上旋通风装置的窗户，通风不好的房间应该安装新风换气装置，使居室中被污染的空气能及时排放出去。每天应该保证早晚各通风一次，每次应该在半小时以上。

预防五

注意防止儿童用品和衣物的甲醛污染。如房间的窗帘、新买的衣物、布艺家具、布制玩具等。

预防六

做好室内环境污染的预防和治理，新装修的儿童房应该进行通风和净化，根据不同季节，一般应该通风15～30天。应该按照国家标准进行检测合格再入住，进行室内环境净化治理一定要听取专家的意见，选择合格的净化治理产品，防止造成二次污染。

那你一会记得再刷一遍啊！

嘻嘻，有点饿了。

你不是刚刷完牙么，怎么又吃了？

第五章

其他日用
化学品与
健康

93 含氟牙膏对人体有益无害吗

提起龋齿预防，你首先想起的一定是含氟牙膏。但你是否知道，含氟牙膏还有副作用，使用不当可能导致氟牙症。目前在一些超市，多个品种的牙膏中，大多数标注是含氟牙膏或在活性成分中标明有单氟磷酸钠。这些含氟牙膏都突出强调氟对牙齿的益处，对其所含氟化物可能对人体的危害却只字未提。

氟牙膏对牙齿有益。

　　含氟牙膏虽能有效防治龋齿，但使用不当可导致氟牙症。氟的防龋作用与产生毒性间的界限很小，摄入过量氟的牙齿会产生斑点，这就是氟牙症，而且患者多为儿童。由于儿童刷牙时误吞牙膏的机会多，造成氟的摄入量加大而致。而目前市场上销售的多数牙膏一般又无使用须知、适用人群和用量，使得许多家庭大人小孩共用一种牙膏。

牙齿上有一些斑点。

────（专）（家）（提）（醒）────

　　消费者使用含氟牙膏时每次最好不要超过1cm，儿童最好不要使用含氟牙膏，或在家长的指导下慎重使用。

94 人人都适合用
美白药物牙膏吗

　　面对形形色色的牙膏宣传广告，消费者往往在选购时显得无所适从。到底该买哪种牙膏呢？许多人，尤其是年轻人非常喜欢具有美白功能的牙膏。事实上美白牙膏的使用应因人而异，这主要是因为美白牙膏大多加入了呈酸性的化学成分，并通过内含的摩擦剂与牙齿表面的色斑发生物理性摩擦，使牙齿恢复本来的颜色。传统的美白牙膏虽然多种多样，但除了味道与功效不同，它们的美白成分几乎相同。

我用美白牙膏牙齿变白了。

 对于不同的使用者来说，由于牙本质和饮食习惯的不同，其效果也不相同。

具有美白与清新口气功效的牙膏极有可能成为发展趋势。

美白牙膏是一种药物牙膏，一般来说药物牙膏具有较强的适应性，虽然对患有牙病的人会有一定的辅助治疗作用，但对一些无牙病的人并无特别效果，而且选用不当还容易发生副作用。

美白牙膏 ！

① 选用不当容易发生副作用

② 高氟地区的人群不宜选用
含氟类牙膏

③ 患有牙病，选购药物牙膏
应慎重，不要长期使用

目前国家只有普通牙膏的标准，尚无关于美白牙膏和其他药物牙膏的详细规定，添加了药物等其他成分的功能性牙膏也是按照习惯分类的，并没有严格的界限。国家相关检测部门也只是对药物牙膏的感官指标、理化指标和卫生指标等具有相应的检测标准，该标准并不含有药品功效方面的检测要求。

由于没有统一标准，一些美白和药物牙膏在包装上并没有标明儿童与成人等使用对象的区别，而实际上这类商品对成人与儿童应该是有区别的，否则可能会带来副作用。

因此，在选购美白类牙膏和药物牙膏时，一定要根据自身的实际需要购买。

95 牙膏种类需要定期更换吗

现在，市场上销售的牙膏可分为普通型和疗效型（即药物牙膏）两大类。

普通型
主要成分为摩擦剂、去垢剂、泡沫剂、综合剂、保湿剂、调味剂、防腐剂、香精等。

疗效型
既有普通型牙膏的机械性摩擦、去污、清除部分口臭的作用，还能抑制口腔内多种致病菌和非致病菌的生长，包括致龋作用最强的变形链球菌、不致龋的葡萄球菌以及引起牙龈出血的部分厌氧菌和兼性厌氧菌。

在日常生活中，很多人总是长年累月使用同一种牙膏，不愿意或没想到要换一种牙膏。这对口腔健康没有好处。

然而，疗效型牙膏在抑制致病菌的同时也抑制了部分非致病菌，打乱了口腔内细菌的生态平衡，导致菌群失调。长期使用同一种类的牙膏刷牙，还会使某些有害的口腔病菌产生耐药性和抗药性，使牙膏失去灭菌护齿的作用。

因此，为保障口腔健康卫生，应经常更换牙膏的种类，更换时间以一个月为宜，如果普通型与疗效型牙膏应交叉使用口腔保健效果会更好。

96 加"钙"牙膏真可以为牙齿补钙吗

牙齿表面有一层很薄但很硬的牙釉质，这层牙釉质90%以上都是钙，牙齿就是靠牙釉质里的钙来受到保护的。一旦牙齿长成以后，造釉细胞就自然消失，而且不会再重新产生。**牙齿长出后是很难补钙的。**

牙齿缺钙的表现只是在人体极端缺钙的情况下才可能产生，而一般条件下人体缺钙不会在牙齿上表现出来，所以通过人体补钙的方式来补充牙齿的钙缺失是没有意义的。

因此，牙膏里添加钙或者有机钙能对牙齿起到保护作用的说法是没有科学依据的。

> **注意**

防止龋齿的关键是通过正确的刷牙方法和窝沟封闭技术预防牙齿的钙质被酸腐蚀，一旦钙被酸腐蚀，就是不可逆的，只能通过补牙来治疗。

97 为孩子选择什么样的牙膏好

一般来说，孩子牙齿中的氟含量要明显低于成人，龋齿患病率也明显高于成人。龋齿患病率与牙齿的氟含量有密切关系，氟含量过多或太少对健康都没有好处。因此，为孩子选用牙膏时，家长需注意以下几点。

1▶ 牙膏的含氟量不能太高，如果摄入的氟过多，就会带来氟牙症的危险，所以儿童不宜使用成人牙膏，而应使用含氟量较低的儿童牙膏。含氟牙膏具有预防龋齿的作用，但同时也可能导致氟牙症。有调查显示，在龋齿减少的同时，患氟牙症的儿童却在增加，原因是控制能力还不完善的儿童容易吞咽含氟牙膏。

所以防龋齿首要的方法是养成良好的口腔卫生习惯。牙科专家还建议，3岁以前的儿童应禁止使用含氟牙膏，4～6岁的儿童应在大人指导下慎重使用，7岁以上的儿童可以使用，但不得将牙膏吞进腹中。而且在刷牙的时候应注意牙膏使用量，最好每次只使用黄豆粒般大小，最多不超过1cm。

2▶ 避免含有薄荷添加剂的牙膏，儿童一般不太喜欢含有薄荷添加剂的牙膏，故不适选用。另外，含有水果口味的牙膏，儿童易直接吞吃，也要家长多教育和预防。

98 牙膏越贵越好吗

许多消费者受广告影响，选购牙膏时仅认准品牌，经常购买一些价格较高的牙膏产品，以为价格高的产品能够有效保护牙齿健康。实际上，这是普遍存在的一种错误认识。

5元和25元的牙膏到底有什么区别？真相可能让你大吃一惊，北京市消费者协会曾对北京、天津、上海等28家企业生产的64种牙膏产品进行了比较实验，包括普通牙膏、含氟牙膏、中草药牙膏等多个种类，价格从1~23元不等。实验结果表明，这些牙膏价格不同，但产品品质并无显著差异。

目前市面上的牙膏，主要成分是研磨剂，剩下的就是一些保湿剂、增稠剂及发泡剂之类的东西。价格的差别，主要是因为品牌以及宣称的附加功能。像美白、止血、抗敏等附加功能，会影响价格，却不足以直接影响口腔健康。专家认为，过去牙膏的产品功能比较单一，90%是一般性产品，现在90%是功效性产品。牙膏的基本作用是清洁口腔，美白、防蛀、脱敏、止血等功效都是辅助性的，如果口腔比较健康，使用一般性牙膏就行。

牙科医生认为对保护牙齿而言正确的刷牙方法至关重要，而很多人往往忽视这一点。可见，牙膏的价格并不十分重要，最重要的是正确的刷牙方法。

99 牙膏泡沫越多清洁得越好吗

牙膏泡沫越多，是不是清洁效果就越好呢？

并非如此，牙膏的主要成分是摩擦剂，比如碳酸钙、磷酸氢钙和焦磷酸钙，此外还有去垢剂、保湿剂、泡沫剂、防腐剂和香精等。清洁能力与摩擦力大小有关，而与泡沫多少无关。需要注意的是，使用牙膏时是否有明显粗糙感，太粗糙反而容易损伤牙釉质。

100 如何正确选择药物牙膏

现在市场上有很多种类的药物牙膏，但是普通消费者并不知道如何挑选适合自己的药物牙膏以及如何正确使用。如消炎牙膏特别是抑菌性强的牙膏由于存在导致口腔菌群失调的可能，不应长期使用，且药物牙膏也不能代替药品，如果牙齿出现症状还是应及时去医院就诊。

将适量氟化物加入牙膏内，具有预防龋齿功能的一种牙膏。大量研究证明，氟可以提高牙齿的抗腐蚀能力、抑制致龋细菌的生长繁殖。正常口腔环境中也有一定量的氟存在，但其浓度不足以引起以上作用。含氟牙膏的使用是在安全范围内增加口腔局部的氟，在牙齿表面形成强有力的保护层，从而减少龋齿的发生。

在普通牙膏的基础上添加了某些中草药，具有清热解毒、消炎止血作用的药物，能够对缓解牙龈炎症有一定辅助作用。只是患有某些疾病的人，如血液病患者需长期服用抗凝药物，应慎重选用上述作用的中草药牙膏。

在普通牙膏的基础上加入某些抗菌药物，以消炎抗菌、抑制牙结石和菌斑的形成，起到改善口腔环境、预防和辅助治疗牙龈出血、牙周病的作用。消炎牙膏不能长期使用，否则会导致口腔内正常菌群失调，应在1~2个月内更换一次。

这种牙膏中含有硝酸钾或氯化锶等脱敏成分，对牙本质过敏有一定的缓解作用。牙本质敏感的人可选用这种牙膏。

这种牙膏中含有过氧化物或羟磷灰石等药物，采用摩擦和化学漂白的原理去除牙齿表面的着色，起到洁白牙齿的作用。适合长期喝茶或吸烟的人使用。

用药物牙膏就如吃药一样，对于大多数人来说根本没有必要，要用也应该在医生的指导下使用，不宜广泛使用。至于药物牙膏中是否真的加入了这些药物，又是否能起到作用，是难以证实的。由于实验室的环境和口腔环境大为迥异，实际上很多在实验室得出的结论并不符合人体口腔环境条件。也就是说，即使这些药物成分在实验室中真的被证明有效，但是在被作为牙膏使用时却是另外一回事了。人体口腔环境处于不断开放的状态中，药物成分根本不可能长期保持在口腔里，如何能保证抑菌效果？况且，即使能抑菌也不代表能防病。

101 牙龈出血和刷牙有关系吗

牙龈出血是人们最常见的牙周健康问题。

有数据表明，中国人普遍存在牙龈出血现象，牙龈出血的现象从12~65岁的人群都存在。据统计，有牙龈出血经历者占66%，其中，知道牙龈出血是牙龈炎的占64%，而认为是"上火"的有56%。至于牙龈出血后采取的行动，11%的人会停止刷牙，6%的人会多刷几次，14%的人会去看牙医，34%的人则根本不会理会。

事实上，牙龈出血后就停止刷牙是错误的做法，相反应该更仔细地刷牙，把牙菌斑刷干净，而不是想当然地认为牙龈有了伤口，就要避免再刷牙刺激。因为牙龈炎正是由于刷牙不仔细造成牙菌斑、口腔环境不佳而引起的。

需要指出的是，与龋齿不同，牙龈炎是可修复性疾病，经过处理后会有一定改善。如果发现多个地方持续出血，并经过处理后都不见改善，就应该求医了。

102 究竟怎样刷牙才科学

这个简单的问题实际上大多数人并不清楚。

首先 是时间问题，一般专家建议，如果使用手动牙刷，真正刷牙的时间应该在3分钟左右，使用电动牙刷则应该是2分钟，但是目前绝大多数人只能坚持1分钟。

其次 很多人并不知道正确的刷牙方法。调查显示，90%的中国人采用横向刷牙的方法，这是多数人的刷习惯。这是对牙釉质的一种物理磨损。科学的刷牙方法是用很轻柔的力量，顺着牙齿方向慢慢地刷，既能有效清洁牙齿，又可按摩牙龈。

再次

大多数人还容易忽略很多"区域"，特别是靠近舌根的"大牙"以及牙齿内侧。医生建议，刷牙时可以自己给牙齿分区，如分为左上、左下、中上、中下、右上、右下六个区，刷牙时一个区一个区依次刷，这样就能防止遗漏。

千万不要以为刷牙越使劲牙齿就越干净。目前中年人中最常见的就是因为刷牙力度不当造成的牙齿缺损。牙齿的表面是坚硬的骨质和釉质，但是靠近牙龈的连接处却非常脆弱，如果长年累月地用力刷，不但会把牙齿刷出纹路来，甚至会人为地造成牙齿的缺损，在牙齿与牙龈的接合处刷出一个个"深沟"，严重的还会发展为牙髓炎。现在很多中年人牙齿硬度降低不能吃酸，就是这个原因造成的。

同时

在选择牙刷时应该尽量选择刷毛软、刷头小、毛弹性好、并且刷毛顶端经过磨圆处理的牙刷。

饭后使用粗大的牙签剔除牙缝中的食物残渣，这也是非常不好的习惯。其实粗大的牙签对人的牙龈有害，长期使用牙签将使牙缝越来越大，而牙签无法剔除干净的食物残渣将使口腔健康更加糟糕。

 医生提醒，饭后用牙线替代牙签，既不损伤牙龈，又可以干干净净彻底清除残渣。

103 牙膏存放最好不超过多长时间

研究发现，牙膏内所含的许多化学物质如发泡剂、摩擦剂、黏合剂以及香料、防腐抗菌药物等，存放一定时间后可能会发生化学反应，不但引起牙膏变质，还会降低牙膏的去污与清洁作用。一般来说，牙膏的保存期为10个月，超过了此期限，极易变质。

有些过敏体质的人使用了变质的药物牙膏后，还可能引起过敏反应。另外，有些牙膏的外壳采用铅质，存放时间过长，铅会进入牙膏内，长期使用可能会发生慢性铅中毒，导致智力发育停滞、理解能力衰退等。

总之，使用牙膏应注意生产日期，超过10个月的牙膏不宜再使用。

 104 家具上光剂对人体健康有何危害

家具上光剂的作用是为家具去尘，为木质加上防水层。它可以是液体、糊状或者是气雾剂，其中的化学制剂用来产生蜡或油。另外，家具上光剂还可具备清洁功能，它的成分是石油蒸馏物或松树油。

家具上光剂的成分

石油蒸馏物
大部分是甲苯，少部分是二甲苯

松树油

甲苯是无色有芳香味的液体，在室温下能挥发、可燃烧，人的嗅觉阈值为160μg/L，工作场所允许浓度远高于这一浓度，所以闻到甲苯的味道并不表示环境浓度一定超过了限值。甲苯在水中浓度为40μg/L时，我们闻或尝得出来。甲苯存在于原油中，在原油精炼和焦炭燃烧时会挥发出来。因为甲苯是脂溶性的，会在生物界的食物链中累积。

一般人最容易通过暴露于汽油而接触到甲苯，汽油中含有5%~7%的甲苯，所以在交通拥挤的地区、加油站附近、原油精炼厂附近空气中甲苯的浓度都会比较高。不过甲苯在空气中很容易和其他空气污染物反应，甲苯的半衰期很短。

家中也可用到很多含有甲苯的东西，如油漆、清漆、亮光漆、黏着剂、清洁剂。

另外，有些指甲油中也含有甲苯，以上都是室内重要的甲苯来源。

甲苯可能对人体产生哪些危害呢？

首先是中枢神经系统毒性。高浓度的甲苯会抑制中枢神经系统并有麻醉的效果。动物实验发现甲苯会干扰基底核的多巴胺系统。人类暴露100μg/L之后会明显感觉对呼吸道有刺激作用，产生体温改变。慢性暴露甲苯的人还可能出现认知能力的下降。

其次是对呼吸系统的影响。甲苯会刺激呼吸系统，造成支气管痉挛。

最后是对心脏的影响。甲苯会降低心脏对肾上腺素的反应阈值，引起心律不齐。

所以，家中使用含有甲苯的东西时应注意：室内通风要良好，窗户大开，或者用风扇形成对流。还要小心千万别让儿童误食，否则会导致恶心、呕吐，需要送医院处理。

105 使用皮革护理剂时 要注意什么

护理真皮沙发少不了用到各种品牌的皮革护理剂。皮革护理剂的成分通常含有机硅和植物蜡，是无毒无腐蚀的物质。虽然皮革护理剂的成分是安全的，但是有机硅的碱性成分会对眼睛有刺激性，要注意喷洒时远离眼部。

护理真皮沙发时远离眼部

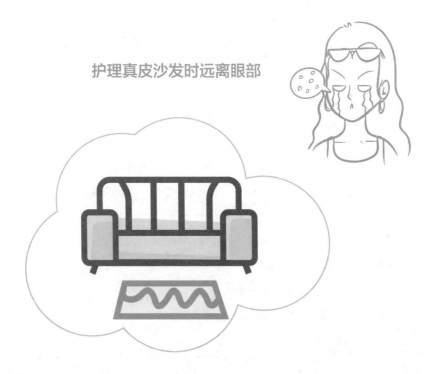

106 地毯清洁剂类对人体健康的危害有哪些

　　地毯清洁剂是指用于清洁客厅的地毯、沙发的毛皮装饰物和沙发前小毯子的清洁剂，它的主要成分为四氯乙烯。四氯乙烯是列入国家《危险化学品名录（2018版）》的化工产品，属"毒害品"类别，美国《有害化学品安全手册》中对其危害性是这样描述的："刺激眼睛、皮肤、呼吸道，可引起癌症，中枢神经系统抑制，记忆损害，腿脚、手臂麻木，视觉损害，肝、肾损害，皮肤反复接触可致皮炎。有研究表明，妇女接触四氯乙烯可引起月经问题和其他疾患。"

四氯乙烯

四氯乙烯

地毯清洁剂

- 刺激眼睛、皮肤、呼吸道
- 引起癌症
- 中枢神经系统抑制
- 记忆损害
- 腿脚、手臂麻木
- 视觉损害
- 肝、肾损害
- 皮肤反复接触可致皮炎
- 妇女可引起月经问题和其他疾患

地毯清洁剂中的四氯乙烯属中等毒性，可通过吸入、食入、经皮吸收。本品有刺激和麻醉作用。

急性吸入中毒者有上呼吸道刺激症状、流泪、流涎，随之出现头晕、头痛、恶心、呕吐、腹痛、视力模糊、四肢麻木，甚至出现兴奋不安、抽搐乃至昏迷，可致死。

慢性中毒者出现乏力、眩晕、恶心、酩酊感等，可有肝损害。皮肤反复接触，可致皮炎和湿疹。直接接触时，四氯乙烯经皮肤或吸入之后经肺吸收。

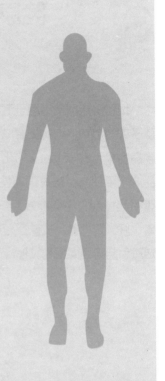

人体内该化学物质的量随着接触水平、接触期间体力活动的增加而增加。它可在人和动物的脂肪组织中蓄积到某一有限程度后，大部分四氯乙烯以肺原样排出，而通过血液和呼吸排出的都很慢，因此，可将该化合物在血液和呼吸中的浓度用于评估人的接触水平。动物研究结果显示，四氯乙烯有胚胎毒性，而致癌性研究结果显示该物质为致癌物。

107 使用地毯清洁剂如何防护

地毯清洁剂释放出的气体含有致癌物，可能损害你的肝脏，使用过量容易使你出现头晕、嗜睡、恶心、食欲减弱及方向感混乱等症状。对其防护的原则是要尽量降低接触浓度，使该化学品的暴露水平降到尽可能低。对于从业人员，当皮肤或眼睛接触时可用清水冲洗，少量皮肤接触要避免将物质播散面积扩大。建议你在使用时除了要保持房间良好的通风，还要戴上口罩，避免过多吸入气体。

防护原则

- 降低接触浓度
- 皮肤或眼睛接触时可用清水冲洗
- 皮肤接触要避免面积扩大
- 保持房间良好的通风
- 戴口罩

108 黏合剂有哪些种类

黏合剂也称为胶黏剂或黏结剂，是指按照规定程序，把纸、布、皮革、木、金属、玻璃、橡皮或塑料之类的两种或两种以上材料黏合在一起的物质。黏合剂的种类繁多，对居室环境的污染也不一样。按其来源可将黏合剂分为天然黏合剂和合成黏合剂。

1 天然黏合剂

指用动物的骨、蹄、皮等熬制而成的动物胶水或来源于植物提炼的胶，如动物胶、酪素胶、血胶、植物蛋白胶、大豆黏合剂和糊精。

2 合成黏合剂

指合成橡胶及胶水、环氧树脂、酚醛树脂、脲醛树脂、三聚氰胺甲醛黏合剂、聚醋酸乙烯酯等。

目前，我国胶黏剂的应用领域不断拓宽，已经主要从木材加工、建筑和包装等行业扩展到了服装、轻工、机械制造、航天航空、电子电器、广告宣传、交通运输、医疗卫生、邮电、仓库等领域，由于胶黏剂具有应用广、用法简便、经济效益高等许多特点，成为国民经济和人民生活中不可缺少的重要化工产品。

109 胶黏剂对人体健康有何影响

由于胶黏剂的组分或者溶剂多是有机化学物，对环境和劳动者的健康危害十分严重。一方面由于用手操作而与皮肤直接接触，其中有些成分可直接引起皮肤刺激和过敏反应；另一方面因居室内家具、建筑装修材料等所含黏合剂中有害成分的持续挥发，导致室内空气污染，主要引起呼吸系统损害。

皮肤黏膜损害

①天然黏合剂多含有蛋白质，因而可能有轻微致敏作用，而含有甲醛类防腐剂的黏合剂，长时间接触会引起手指肿胀。②合成黏合剂中的合成橡胶能引起接触性皮炎。接触环氧树脂、正己烷、甲苯、氯乙烯引起皮肤过敏，接触性皮炎；接触氯丁胶发生接触性皮肤色素消失；接触含有表氯醇的胶（如环氧胶）引起皮肤起水疱；含有表氯醇、氯化溶剂、甲苯或二甲苯的胶或者蒸汽会刺激眼睛。

呼吸系统损害

含有挥发性有害成分的合成黏合剂，在使用时或用后缓慢挥发的有害成分可经呼吸道进入人体，而导致急性或慢性中毒。如聚氨基甲酸酯含有的硬化剂能产生挥发性的二异氰酸盐，引起皮炎、结膜炎，诱发哮喘性支气管炎。

此外，接触黏合剂还可能引起胃肠功能失调或对神经系统产生影响。

110 空气清新剂能清除有害气体吗

目前，市场上销售的空气清新剂香型众多：茉莉花香型、桂花香型、玉兰花香型……，其实无论哪种香型的空气清新剂，它们的作用都是通过发散香气来盖住异味，而不是与空气中导致异味的气体发生反应。也就是说，空气清新剂的效果不是清除空气中的有害气体，它只是靠混淆人的嗅觉来"淡化"异味。所以说，空气清新剂既不能净化空气，也不能杀灭空气中的细菌，它的主要功能是提神醒脑。比如在办公室喷洒一点花香型的清新剂，能令人顿时神清气爽。一般情况下，大宾馆的卫生间喜欢使用空气清新剂，既恰到好处地遮盖了可能有的不雅的气味，又使人感到淡淡的香气，可谓一举两得。

至于普通百姓居家过日子，还是尽量少用为好，因为空气清新剂大多是化学合成制剂，对健康有或多或少的危害，只适宜在卫生间等需要除臭的地方使用，一次还不宜多喷。如果在客厅、卧室内使用，可能会给家人带来呼吸道黏膜的不良刺激，产生头疼、头晕等症状。

 如果室内空气不清洁，应该用打开门、窗等通风手段换气，尽量少用各类化学制剂。

空气清新剂可引起 哪些不良反应

许多人喜欢在家里、车内以及公共娱乐场所使用空气清新剂。使用空气清新剂后，室内空气中挥发性有机物的含量会增高至使用前的4~5倍。研究表明，挥发性有机物包含了10多种化学物质，其中一部分对人体有害。

有研究显示，家中使用喷雾器及空气清新剂会损害婴儿及母亲的健康，长期使用会令儿童的耳痛及腹泻次数增加。每日使用空气清新剂会使婴儿腹泻的比例相比一周才使用一次或未使用空气清新剂的家庭高出32%。同时，儿童耳痛的次数也明显增加，而呕吐的次数也微微上升。母亲更会有头痛及抑郁的情况，长期使用清新剂的母亲，头痛次数会高出10%，如每日使用清新剂，16%的母亲会有抑郁。研究人员建议，为安全起见，应限制使用空气清新剂。

最好放弃使用空气清新剂。要想房间空气好，最好是开门开窗通风，通风换气是保持空气清新的最有效手段，如果房间通风不好，又想赶走屋里污浊的气味，建议用发酵粉，它具有清新剂的作用，而且对人体无害。

112 家用卫生球有何危害

卫生球是家庭常用之物，尤其对于换季衣物和长期存放的被褥等，更不可缺少。卫生球能有效避免衣物被害虫侵害，因此深受大家喜欢。常用卫生球主要成分有三种：对-二氯苯、樟脑、萘。不同的卫生球对人体健康的危害也是不同的。

对-二氯苯、樟脑和萘对人的皮肤、黏膜均有刺激作用。现在市场上使用比较多的是对-二氯苯卫生球，在小剂量使用时毒性极低，高剂量时主要引起肝脏损害，其致癌性质尚待深入探究。是否适于作为家庭用品，专家们争论也较大。对-二氯苯卫生球可出现过敏性皮炎和鼻炎。

樟脑做的卫生球一般是从天然樟树上提炼而成的，也有以松节油为原料经化学处理而合成的。在正规商场购买的家用樟脑球一般是安全的，所以家庭使用以樟脑球为好。

萘是一种具有致癌性的物质，毒性较大，吸收极快，对血细胞和肾脏有较大的毒性，摄入致死剂量约为2g，儿童口服一粒以萘为原料的卫生球可出现溶血。6岁以下儿童最易出现萘中毒。误食以萘为主要成分的卫生球表现为恶心、呕吐、腹泻、溶血、贫血、黄疸、血尿、少尿等，严重者可有惊厥或昏迷。目前萘制成的卫生球已被明令禁止使用，但因其价格便宜，仍有人非法生产和销售。

在日常生活中要妥善保存和使用卫生球，避免儿童接触。皮肤接触后要立即用肥皂和凉水彻底清洗。口服者可口服催吐药物或手法催吐，出现中毒症状者要及时到医院治疗。

使用卫生球时应注意：

1 购买卫生球时要查看标签，弄清成分，家庭用衣物防虫剂绝对不能使用萘制品，选择以樟脑为好。如果使用对-二氯苯类防虫剂，要避免儿童接触，使儿童远离卫生球。

2 要学会用几种不同的方法鉴别卫生球。萘和樟脑可用盐水进行鉴别，浮上来的为樟脑，沉下去的为萘或对-二氯苯；萘有较强的刺激性气味，而樟脑闻起来有一种较清新的特殊芳香味；樟脑在使用中不会使衣物变色，而萘丸的氧化物表面有锈状物，接触白色衣物会使其色泽变黄。萘和对二氯苯的鉴别用松节油，60分钟内溶解完的为对-二氯苯，未溶解完的（剩余>25%）的为萘。

3 使用卫生球时，不要把卫生球直接放在衣物里，而是要用纸包好。卫生球很容易挥发，所以下一个季节把衣服取出再用时，不用再清洗，只要注意通风即可。

113 常用保鲜膜对人体健康可能存在哪些危害

保鲜膜是居家过日子不可缺少的东西，目前市场上出售的保鲜膜从原材料上主要分为三大类。

第一类是聚乙烯（PE或LDPE），主要用于普通水果、蔬菜等的包装。

第二类是聚偏二氯乙烯（PVDC），主要用于一些熟食、火腿等产品的包装。

第三类是聚氯乙烯（PVC），也可以用于食品包装，但它对人体健康有一定的影响。

就原材料而言，聚乙烯和聚偏二氯乙烯类保鲜膜对人体相对安全。而使用聚氯乙烯类的则要小心了。制造过程中为了增加其黏性、透明度和弹性，聚氯乙烯保鲜膜中增加了一定量的增塑剂，增塑剂的主要成分是邻苯二甲酸酯类物质，它对人体内分泌系统有很大的破坏作用，会扰乱人体的激素代谢，还极易渗入食物，尤其是高脂肪食物，而超市里的熟食恰恰大都是高脂肪食物。经过长时间的包裹，食物中的油脂很容易将保鲜膜中的有害物质溶解，并且在加热时，会加速增塑剂中的化学物质释放到食物中。长期食用后会增加妇女患乳腺癌、新生儿先天缺陷、男性精子数减低等可能性。目前，含有邻苯二甲酸酯类的增塑剂在欧洲已被限制使用，在韩国被明令禁止使用。

此外，从环保处理的降解速度来说，聚偏二氯乙烯是最容易处理的，其次是聚乙烯材料，聚氯乙烯最不易处理，焚化时发生化学反应会生成氯化氢，严重腐蚀焚烧炉，并且会产生严重致癌物二噁英危害人体健康。

聚氯乙烯类保鲜膜对人体的 危害

- 对人体内分泌系统有很大的破坏作用
- 其中含有的增塑剂易渗入食物，长期食用后会增加妇女患乳腺癌、新生儿先天缺陷、男性精子数减低等可能性
- 焚化时产生严重致癌物

114 如何区分并选购保鲜膜

消费者日常购买保鲜膜，主要是区分聚乙烯和聚氯乙烯产品。选购安全的保鲜膜一般有三种方法，即"一看、二摸、三烧"。

一看：看它有没有产品说明，如果上面打着PE保鲜膜或者聚乙烯保鲜膜，就可以放心使用。

二摸：聚乙烯保鲜膜一般黏性和透明度较差，用手揉搓以后容易打开，而聚氯乙烯保鲜膜则透明度和黏性较好，用手揉搓以后不易展开，容易黏在手上。

三烧：聚乙烯保鲜膜用火点燃后，火焰呈黄色，离开火源也不会熄灭，有滴油现象，并且没有刺鼻的异味。聚氯乙烯保鲜膜由于含有氯元素，用火点燃后火焰呈黄绿色，烟雾比较大，没有滴油现象，离开火源后会熄灭，而且有强烈刺鼻的异味。

大家应该学会以上三种简便的识别方法，确保买到合格产品。

115　如何正确使用保鲜膜

　　按照用途来分类，市场上的保鲜膜大体分为两类：一类是普通保鲜膜，适用于冰箱保鲜；一类是微波炉保鲜膜，既可用于冰箱保鲜，也可用于微波炉。后一种保鲜膜在耐热、无毒性等方面远远优于普通保鲜膜。一般而言，正确使用保鲜膜的食品大概可以在常温下保鲜1周左右。

正确使用保鲜膜的方法

- 使用保鲜膜时，如果器皿上面覆盖保鲜膜，不要装满以免碰到食物。
- 在使用微波炉保鲜膜时避免食物和薄膜的接触，尤其是油性较大的食品。
- 加热食物时覆盖器皿的保鲜膜应该扎上几个小孔，以免爆破。
- 使用时还应注意保鲜膜加热所能承受的温度，严格按照品牌上标注的温度加热或者选择耐热性更好的保鲜膜。

116 学生用涂改液应如何正确使用

在学校，很多孩子都喜欢用涂改液。别看小小的一瓶，里面的问题还不少。涂改液是一种化学混合物，其中含有易挥发性的有机溶剂，用来使字迹溶解挥发。常用的有机溶剂有苯、二甲苯、三氯乙烷、二氯乙烷等。

这些化学物质对人体有一定的毒性。短期大量接触，对皮肤、黏膜、呼吸道有刺激作用和致敏作用，使用者会感到有刺激性的特殊异味；时间稍长可出现咽喉不适、肿痛，眼睛发红、刺痒、流泪，头痛、头晕，严重者可出现恶心、呕吐等中毒症状。如果儿童误服还可引起严重的消化道黏膜损伤，造成食道及胃黏膜糜烂及溃疡，形成瘢痕组织，引起食道狭窄等严重后遗症，并引起一系列的急性中毒症状。

如果必须使用涂改液须注意以下事项：

- 选用符合国家标准的合格涂改液。
- 用时应开窗，及时排除散发在空气中的挥发性有害物，减少室内空气污染，不用手、口、鼻及身体任何部位直接接触涂改液。
- 家长一定要妥善保管涂改液，避免学龄前儿童接触、误服。